陕西省自然科学基础研究计划面上项目（2024JC-YBMS-364）资助
新疆维吾尔自治区高校基本科研业务费科研项目（XJEDU2024J126）资助
新疆煤炭资源绿色开采教育部重点实验室开放课题（KLXGY-KB2508）资助

大型露天煤矿
采区间压帮内排协调开采

马 力 常治国 李胤达 / 著

中国矿业大学出版社
· 徐州 ·

内容提要

　　本书系统介绍了不同模式下内排留沟高度的优化方法,以分区内排露天煤矿采区接续为研究对象,揭示了顺序采区协调开采扇形转向接续过渡剥采工程发展的内在规律;基于剥离物料不外排、加高内排土场条件,提出了顺序多采区协调开采留沟高度优化模型;揭示了相邻平行采区(矿)间资源构成特征,以及压帮留沟方式对剥采比影响规律,构建了平行采区(矿)间资源开采的留沟高度优化模型。

　　本书可供露天煤矿科研和生产管理方面的相关人员参考,还可以作为露天煤矿开采领域研究生的参考书。

图书在版编目(CIP)数据

　　大型露天煤矿采区间压帮内排协调开采 / 马力,常治国,李胤达著. — 徐州 :中国矿业大学出版社,
2024.9. — ISBN 978 - 7 - 5646 - 6422 - 0

　　Ⅰ. TD824

　　中国国家版本馆 CIP 数据核字第 2024N8A258 号

书　　名	大型露天煤矿采区间压帮内排协调开采
著　　者	马　力　常治国　李胤达
责任编辑	王美柱
出版发行	中国矿业大学出版社有限责任公司
	(江苏省徐州市解放南路　邮编 221008)
营销热线	(0516)83885370　83884103
出版服务	(0516)83995789　83884920
网　　址	http://www.cumtp.com　E-mail：cumtpvip@cumtp.com
印　　刷	江苏淮阴新华印务有限公司
开　　本	787 mm×1092 mm　1/16　印张 6.75　字数 132 千字
版次印次	2024 年 9 月第 1 版　2024 年 9 月第 1 次印刷
定　　价	35.00 元

　　(图书出现印装质量问题,本社负责调换)

序　　一

  露天煤田通常划分为多个大型露天煤矿同时开采,露天煤矿又划分为若干个采区依次开采,在露天煤矿边坡安全稳定及压帮内排影响下矿间/采区间资源无法采出。研究如何压帮使矿间/采区间达到一种平衡,既能实现资源高效回收与经济效益最大化,又能保障相邻矿间/采区间剥采平衡与协调发展,具有重要的理论价值与实际意义。

  作者长期从事露天煤矿相关领域的科学研究工作,深耕露天煤矿采区接续、相邻矿间协调开采、采区间压帮内排等技术难题,结合河曲露天煤矿、霍林河露天煤矿、黑岱沟露天煤矿和哈尔乌素露天煤矿等现场实际,将其新的研究思路融入现场实践之中。该书系统探讨了多种采区接续过渡方式对剥采关系的影响规律,在传统全压帮和倒三角留沟的基础上,提出了槽形留沟方案,并详细论述了留沟高度优化的相关内容,全面阐述了内排搭桥方案的移设步距优化方法;并针对平行矿间/采区间的压帮内排条件,建立了剥采比模型,揭示了不同压帮模式下剥采比变化的规律;此外,创新性地提出了内排留沟高度优化原则,重点分析了单环运输排土、运输降至沟底以下水平后经端帮至内排土场再排至相应水平,以及内排留沟搭桥三种不同运输方式对经济效益的影响;最终构建了内排留沟高度优化模型,为露天采矿实践提供了全新的思路和坚实的理论支持。

  该书系统地归纳了作者多年来在大型露天煤矿采区间压帮内排协调开采研究中的新观点、新方法。相信这本书对相关领域的科研教学人员会有所启发,同时对露天煤矿科研和生产管理工作者也会具有重要的参考和实用价值。希望作者继续在压帮内排协调开采研究中刻苦钻研、勤于总结,为露天煤矿事业的发展作出更多贡献!

中国矿业大学　李先民

2024 年 7 月

序　二

近年来,露天煤矿产量及其在煤炭总产量中的比重不断上升,产量由 2003 年的 0.8 亿 t 增长到 2022 年的 10.57 亿 t,占比由 4.63% 提升至 24%,露天煤矿在能源供给低碳转型中的地位显著提高。大型露天煤炭基地建设的规模日益扩大,露天煤矿生产规模不断提高,集中化开发、规模化生产是露天煤矿发展的必然选择。长期以来,分区开采、内排回填采空区是露天煤矿开采的重要模式,充分考虑大型露天煤矿矿间、采区间资源协调开采可以实现资源高效回收。

该书在分析露天煤矿分区开采特点的基础上,系统总结了不同采区间关系特征及相邻采区转向发展关系,对相邻采区顺序开采影响下的内排留沟高度及相邻矿间/采区间平行采区的内排留沟高度进行了分析与优化,在传统内排留沟模式基础上,提出了槽形留沟的创新理念,对比研究了倒三角留沟和槽形留沟的费用关系,构建了相关的留沟高度优化模型。针对同一煤田划分相邻两矿引起的矿间资源无法采出问题,提出了平行采区(矿)间资源耦合关系模型,分析了露天开采境界影响的"极大三角煤"与"极小三角煤"特征;以降低相邻两矿综合剥采成本为依据,综合优化压帮内排留沟高度,为大型露天煤矿分区开采规划设计及压帮内排留沟高度优化提供了科学依据。

露天开采是一项复杂的系统工程,涉及露天开采基础理论、岩土边坡稳定、爆破工程、生态修复等多方面的内容。其中,露天采矿基础理论是研究露天开采的核心,深入挖掘露天开采的科学问题,优化采区划分与发展关系是露天煤矿开采的关键问题,具有重要的理论意义与实践价值。

我很乐见有年轻人能够坚持露天开采的基础理论研究,愿意针对传统的露天煤矿开采问题开展深入研究,是对行业发展的促进与提升。该书内容适合露天煤矿设计人员、从业管理与技术人员、科研院所研究生阅读,希望你们能够为露天采矿事业创造更加辉煌的未来!

辽宁工程技术大学　何润才

2024 年 7 月

前 言

露天煤矿呈规模大型化与开采集中化发展模式,采区间相对位置关系在压帮内排开采方式下造成了一定的剥采关系问题,内排留沟是解决此类问题的重要手段与方式。其中,内排留沟高度是影响相邻采区系统间成本的重要因素。系统研究不同模式下内排留沟高度的优化方法,为多采区压帮内排提供关键基础理论,具有重要的科学价值与实际意义。

本书系统研究了露天煤矿不同模式下内排留沟高度的优化方法,为多采区压帮内排提供关键基础理论。全书叙述了露天煤矿采区划分与接续、内排与矿山工程优化及压帮内排留沟高度研究现状和研究方法,分析了多采区接续过渡剥采关系的基础内容,包括采区间接续过渡转向方式、采区间接续转向方式基本类型、转向方式选择的影响因素、扇形转向剥采工程发展规律;基于剥离物料不外排、内排土场加高条件,提出了顺序采区协调开采内排留沟高度优化的内容,包括露天煤矿压帮内排留沟高度优化模型、基于费用补偿法的留沟内排搭桥移设步距优化;讨论了平行采区(矿)间压帮内排模型及剥采的规律,包括平行采区(矿)间资源耦合关系模型、压帮内排剥采规律及压帮内排开采方式;优化了平行采区(矿)间协调推进内排留沟高度,包括平行采区(矿)间留沟高度优化、平行采区推进内排留沟高度与极小三角煤宽度确定、端帮桥移设步距优化。

随着 21 世纪露天煤矿的发展,解决剥采协调问题是保障产量的重要措施。本书研究压帮内排剥采规律及留沟高度优化方法,实现大型分区内排露天煤矿采区规划问题的定量表征,为分区内排露天煤矿多采区协调开采奠定重要的理论基础,为大型露天煤田的开发设计及生产组织提供参考与指导,具有显著的经济效益和社会效益。

在撰写本书过程中得到了安太堡露天煤矿、伊敏露天煤矿、霍林河露天煤矿、黑岱沟露天煤矿、哈尔乌素露天煤矿、河曲旧县露天煤矿、西湾露天煤矿等工程技术人员在资料和数据收集方面给予的帮助,同时得到了我的博士导师李克民教授、博士后合作导师茅献彪教授与来兴平教授的大力支持,研究生王恒荣、李瑞行也付出了大量的辛勤劳动,在此一并表示感谢。

由于作者水平所限,书中难免存在不足之处,敬请读者批评指正!

马 力

2024 年 7 月

目　　录

1　绪　　论

1.1　露天煤矿分区开采特点

我国采用露天开采的大型煤田多为水平或近水平埋藏矿床,具有赋存范围广、面积大的特点[1-2]。在开采工艺系统及技术经济的影响下,露天煤矿难以依据煤田边界一次布置工作线,尤其是露天煤矿大型化、集中化开发趋势明显,因此,分区开采成为大型露天煤矿开发的首选[3-4]。随着采空区空间释放并逐步实现剥离物内排,形成"分区内排"的开采模式[5-8],可最大限度减少排土场土地压占面积并提高经济效益。自 20 世纪 80 年代以来,我国自主设计的安太堡、伊敏、霍林河、元宝山、黑岱沟五大露天煤矿均采用此种模式,并在全国各大露天煤矿推广应用。

图 1-1 为 2018 年几个典型的大型露天煤矿分区内排开发模式,其中安太堡露天煤矿原采区已基本开采结束,剩余扩界区划分为 2 个采区[图 1-1(a)],其中Ⅰ采区与Ⅱ采区相邻布置,Ⅰ采区转向至Ⅱ采区可采用缓帮留沟、扇形转向以及重新拉沟等方法。安家岭露天煤矿目前开采的采区与下一采区平行布置,转向过程中采用缓帮留沟的方式较为合理。黑岱沟与哈尔乌素露天煤矿相邻布置,黑岱沟露天煤矿划分为Ⅰ、Ⅱ、Ⅲ采区,其中Ⅰ、Ⅱ采区垂直布置,采用缓帮留沟的方式预留工作面进行转向,Ⅱ、Ⅲ采区平行布置,Ⅱ采区开采结束时,采用重新拉沟的方式进入Ⅲ采区。哈尔乌素露天煤矿划分为Ⅰ、Ⅱ、Ⅲ采区,3 个采区平行布置,考虑该矿煤炭资源赋存深度差距较大,综合对比之下,3 个采区均采用重新拉沟的方式进行转向[图 1-1(b)]。

霍林河南露天矿划分为南采区、北采区以及配采区,目前 3 个采区平行布置,由南向北平行推进。霍林河北露天矿划分为Ⅰ、Ⅱ、Ⅲ采区,Ⅰ、Ⅱ采区相邻布置,采用缓帮留沟的方式在Ⅰ采区西端帮预留工作面进行过渡,Ⅲ采区采用重新拉沟的方式进行开采[图 1-1(c)]。

露天煤矿剥离大量土石方,物料的排弃占用大量的排弃空间,内排压帮模式影响排土工程位置及参数,尤其是在采区接续期间会造成转排量增大、压帮排土

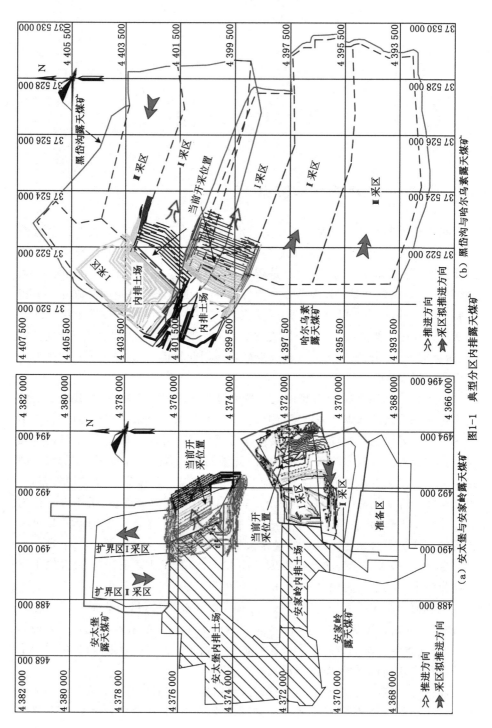

（a）安太堡与安家岭露天煤矿

（b）黑岱沟与哈尔乌素露天煤矿

图1-1 典型分区内排露天煤矿

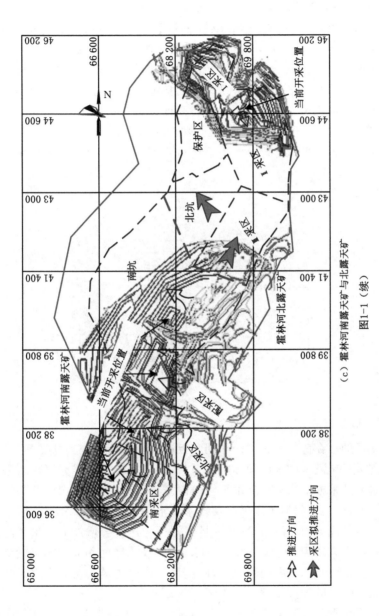

（c）霍林河南露天矿与北露天矿

图1-1（续）

场二次剥离等严峻的排土规划问题[9-10]。多年科研攻关及实践促进了露天开采理论的发展和进步,且近年来涉及采区接续转向的研究成果均较清晰地表明[11-12]:扇形转向方式适用于平行或非平行的相邻采区,而非平行采区还可以采用缓帮留沟方式;非邻接采区接续则主要以重新拉沟或邻近边帮缓帮留沟预留初始工作面方式;顺序相邻采区二次剥离时适用留沟内排方式。

采区间位置关系决定采区接续转向方式和矿山工程发展关系,按开采顺序分为以平行相邻和非平行相邻关系为主的典型采区位置,也有少数非邻接顺序采区。根据采区推进方向可以进一步将采区位置关系细分为:相邻平行同向推进采区(图1-2中Ⅱ、Ⅲ)、相邻平行相向推进采区(图1-2中Ⅲ、Ⅳ)、非平行采区(图1-2中Ⅰ、Ⅱ)、非邻接同向推进采区(图1-2中Ⅲ、Ⅴ)和非邻接相向推进采区(图1-2中Ⅱ、Ⅳ)。

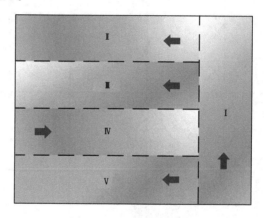

图1-2　采区位置关系示意图

多采区的存在势必会影响采区间相互衔接及相应开采方法选择。因此,纵观分区露天煤矿开采的采区间影响关系,压帮内排方式是露天煤矿多采区协调开采的重要开采方式。对于近水平缓倾斜露天煤田,为了增加前期甚至整个服务期内的经济效益,根据矿床赋存及技术经济条件将矿田划分为若干采区依次开采。通常情况下,相邻前一采区内排对端帮的压覆会增加下一采区的二次剥离量和二次剥离费用[13]。因此,采区间的接续及采区间相互影响是近水平分区开采露天煤矿面临的主要问题[14-16],而压帮内排留沟模式在众多露天开采实践中展现出了最佳的经济效益[17]。

围绕近水平分区开采露天煤矿不同典型采区关系特征,研究压帮内排剥采规律及留沟高度优化方法,实现大型分区内排露天煤矿采区规划问题的定量表征,可为分区内排露天煤矿多采区协调开采奠定重要的理论基础,以及为大型露天煤田的开发设计及生产组织提供参考与指导,具有显著的经济效益和社会效益。

1.2 国内外研究现状

1.2.1 露天煤矿采区划分与接续研究现状

选择采区划分方式是大型露天煤矿开发的首要决策,直接影响露天煤矿生产经营成本和生产组织管理。层状露天煤田划分为多个独立采区,并按照一定顺序依次开采,其中按照顺序作业的采区间关系可分为相邻的平行采区和非平行采区以及非邻接的间断采区。当前采区划分基本遵循在充分考虑矿田平面几何形状的前提下,转向不宜频繁、尽量利用前序采区边帮自由面、避免各采区宽度相差太大、接续期间产量稳定、利用内排空间、开采顺序先易后难、缩短运距的原则[18]。露天煤矿采区间的重复剥离量、剥采比及生产成本与划分的采区数量有密切关系,如采区宽度越大,则工作面长度越大,剥离物料内排运距也就越大;而采区宽度越小,划分的采区数量就越多,则相邻采区接续转向会面临更多次数的内排压帮和重复剥离优化问题。如果不进行二次剥离,将造成相邻采区端帮下呆滞煤永久埋在内排土场下的结果,从而造成资源的严重浪费[19]。

采区接续是分区开采面临的必然问题,与生产工艺、相邻采区间位置关系、物料流向及排土空间等因素密切相关。国外露天煤矿鲜有涉及采区接续转向的研究报道,而我国现行开发的近水平露天煤矿均采用分区开采内排回填采空区的开发模式,前序采区压帮内排增加了相邻顺序采区开采的二次剥离成本。李海滨等[20]以倾斜煤层露天矿为例,分析了采区划分与内排之间的约束关系;崔宏伟等[21]综合对比了直角和扇形转向方案的优缺点,并提出了"L"扇形转向方案;宋子岭等[22]提出缓帮"L"形转向方案、缓帮扇形转向方案以及重新拉沟开采转向方案;刘光伟等[23]研究了不同采区转向过渡方案的工程量搭配和过渡时间等变化规律;王肇东[24]提出了剥采工程量表叠加法以确定采区接续工程位置;张维世[25]基于采区转向基本方式、采区转向期间物料流移动规律、采剥工程可靠性及各开采工艺间耦合规律等几个方面,研究了含拉斗铲倒堆工艺的露天煤矿采区转向问题;L. Ma 等[26]依据煤层开采剥采比不大于经济合理剥采比的原则,确定了直角采区缓帮留沟的约束条件。

通常依据具体露天煤矿实际提出有关采区接续转向方式的若干方案,再通过构建评价模型确定最优方案。才庆祥等[14,27]以平朔矿区露天煤矿条件为基础,对几种基本的采区过渡方式进行比较研究,提出了以转向初期内排运距、平均采掘工作线长度、转向接续采剥量、转向基建量、转向期间外排量及转向时期生产剥采比 6 项指标作为转向方案的评价指标;孙健东等[28]针对安家岭露天矿具体情况,结合理想解法构建了采区转向评价模型;陈彦龙等[29]将直接经济效益、生产稳定性及生产管理作为露天矿采区转向方式选择的主要影响因素,建立了基于层次分析法的露天矿采区转向决策模型;查振高等[30]选取了生产剥采比稳定性与大小、累计剥采比、内排空间、采区协调性和运输功 5 项指标建立露天矿采区接续优选指标体系,构建了基于 Delphi-TOPSIS 法的采区接续优选模型;C.Stojanovic 等[31]为解决露天矿最优开采程序多目标决策问题,提出了AHP 和 ELECTRE 相结合的方法;白润才等[32]采用三维实体建模与多指标决策相结合的方法,构建了多指标综合评价模型。以上研究能够实现采区接续方案从定性评价到定量评价的转变。

采区接续转向是自 20 世纪 80 年代自主设计并开发建设露天煤矿至今,露天采煤领域所普遍面临的问题。经过多年的研究和探索,各位学者提出了上述多种转向接续方式和决策评价模型,能够为分区内排露天煤矿采区接续提供理论参考。但是,有关接续方式的系统性、综合性问题考虑深度不够,未来需要结合多采区开采的协调性问题进一步构建科学合理的采区接续转向综合决策方法。

1.2.2 内排与矿山工程优化研究现状

相邻采区接续转向后,前序采区内排土场对平行接续采区的剥离量有较大影响,结合采区特征及开采参数对矿山工程进行优化是露天开采的重要研究手段。国内众多学者及技术人员针对相邻采区的二次剥离问题进行了研究,主要体现在内排压帮高度的优化方面。顾正洪等[17]从技术经济角度对比分析了采区接续的留沟内排和重新拉沟开采方案,确定使用留沟内排方案的经济效益显著;周伟等[33]分析了平行采区情况下影响内排压帮高度的因素,推导出相应的计算公式;赵红泽等[34]针对露天矿开采程序优化决策涉及因素多的特点,提出了基于三标度互补判断及隶属度函数的改进模糊层次分析法;赵彦合等[35]通过对露天矿分区开采条件下压帮内排特点的分析,建立了三角煤最佳采深的计算模型;赵俊等[36]根据矿山内排端帮单双环运输的运距,建立了以留沟高度为基本变量的经济效益数学模型。为解决露天煤矿土地产能下降的问题,M.Tyulenev等[37]提出了一种露天矿高台阶运输和内排相结合的联合开采方法;V.I.Cheskidov 等[38]提出了倾斜煤层开采时的内排应用方案及条件;G.G.Sakantsev等[39]确定了矿坑长度是影响急倾斜露天矿内排应用的关键因素。国外针对露天煤矿内排的研究少之甚少,侧重点在提升煤炭开采的经济效益与生态效益的方式方法上。

此外,露天煤矿间的相邻采区并行同向推进是矿山工程优化的一种特殊情况。赵博深[40]从露天矿群时空关系及总体布局上系统地研究了协调开采优化理论,构建了露天矿群开发的优化模型;张志等[41]提出将胜利煤田的西二与乌兰图嘎两个露天矿采场贯通,实现边帮压煤的协调开采;白润才等[42]提出了相邻露天矿边帮压煤剥采比的概念及计算方法,研究了相邻露天矿采剥工程位置的协调衔接、排土空间的合理分配与利用、开拓运输系统的优化布置等关键技术;刘闯等[43]提出了采区划分方案优化准则,建立了采场、排土场形态优化模型,得出相邻采场贯通时间及贯通后采场、排土场形态优化方法;张丁等[44]、王炜等[45]从矿山工程量角度建立了相邻两矿采区间经济留沟高度计算的数学模型,确定了两矿采区间留沟高度的关键影响因素及临界值;姚建华等[46]通过相邻两个露天煤矿开采先后关系及相互影响情况分析,提出两矿最小追踪开采距离的概念,分析了影响最小追踪开采距离的因素;常治国等[47]研究了矿间资源开采与内排土场的发展时空关系,探讨了压帮内排和适度重复剥离的必要性。

笔者前期在内排与矿山工程优化方面进行了研究,以相邻境界并行同向两个露天煤矿为研究对象,构建了以经济效益为目标的留沟高度与开采宽度优化模型,揭示了剥采比随矿间资源开采宽度的变化规律[48];分析了相邻采区间内排压帮关系,构建了基于最小成本费用的留沟高度数学模型,并考虑内排土场可容纳排弃量对留沟高度的影响,确定了内排压帮高度的综合优化模型及基于费用补偿法的内排搭桥移设步距优化模型[49],为相邻采区内排压帮模式提供了定量优化方法。

1.2.3　压帮内排留沟高度研究现状

压帮是指露天矿实现内排后,对下一采区开采端帮进行掩埋排土。当内排土掩埋全部端帮时,称为"全压帮";当内排土只掩埋采场下部部分端帮,而上部端帮运输通道仍继续通行时,称为"半压帮"或"半留沟内排";当内排后将煤层底板以上端帮运输通道全部保留时,则称为"全留沟内排"。

图 1-3 为分区开采内排的几种压帮基本方式,当内排土掩埋全部端帮时,称为"全压帮"[图 1-3(a)];当内排物料不对端帮进行压覆,即内排土场排弃至 Ⅱ 采区拟开采形成的端帮位置时,在内排土后采空区内形成一道沟体,称为"全留沟内排"[图 1-3(b)];介于全压帮和全留沟的内排压帮方式称为"半压帮"或"半留沟内排"[图 1-3(c)]。

全压帮即前一采区开采过后的剥离物内排至采空区将端帮全部掩埋,当下一采区开采时,增大了内排土场部分的二次剥离费用[50]。而全留沟则不对下一

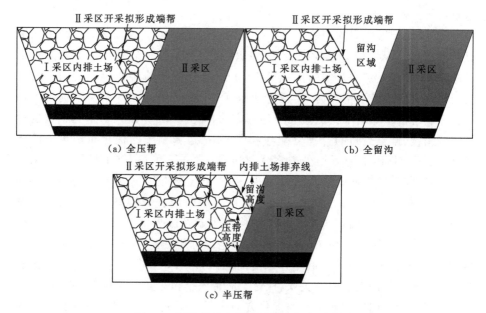

图 1-3　露天煤矿内排压帮基本方式示意图

采区端帮压覆,留沟区域导致的不可排弃物料应转排至其他区域或增加内排土场高度,进而增加了留沟区域物料的转排费用[51];另外,留沟区域隔断了内排土场与端帮的连通,使原双环内排运输通道变为单环运输,增大了运输成本。而半压帮结合了全压帮和全留沟的特点,相比全压帮和全留沟具有较好的经济优势,半压帮的经济性与留沟高度密切相关。

　　针对内排压帮留沟高度方面的研究,顾正洪等分析了压帮高度与工作线长度、重复剥离端帮角和重复剥离时间的相互关系,采用相关费用最小法,得出了不同条件下最佳压帮高度的取值范围[52];周伟等分析了影响内排压帮高度的因素,建立了压帮高度计算模型,得出了开采深度、坑底宽度和端帮边坡角 3 种因素对最佳压帮高度影响最大的结论[33];赵俊等分析了近水平露天矿分区开采时全压帮、半压帮以及全留沟内排的特点,建立了基于留沟高度的经济效益模型[36];刘光伟等采用费用补偿法建立了基于运距特点的内排压帮高度优化模型[19]。显然,已有的有关内排压帮留沟高度的研究仅考虑了图 1-3(c)所示的倒三角形压帮模式。而基于确定留沟高度的两个基本准则:① 减少二次剥离量;② 减少留沟部分影响运输系统水平数,本书提出了如图 1-4 所示的槽形水平留沟方式,在留沟区域面积相等的条件下槽形比倒三角形所对应的留沟高度更小;即在两种留沟方式的二次剥离量相等的情况下,槽形水平留沟影响的端帮运输系统水平数更少。因此,槽形水平留沟比倒三角形留沟在压帮内排采区接续方面具更明显的优势。通过对槽形水平留沟的内排压帮模式进行分析,建立留沟高度优化数学模型,对相邻采区接续的内排压帮高度进行综合优化。

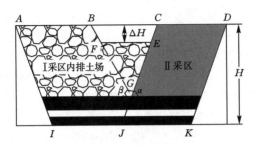

图 1-4　槽形水平留沟断面示意图

1.3　研究内容与目标

1.3.1　研究内容

（1）多采区接续过渡剥采关系影响规律

基于露天采矿学原理的采区划分原则,结合采区间相对位置的平行和相交两种关系基本特征,分析揭示扇形转向直接过渡方式与重新拉沟间接过渡方式间的本质区别。建立扇形转向发展工程与转向角间函数关系,探究不同采区位置关系的接续方式对剥采工程的影响。

（2）多采区协调开采留沟高度优化

研究平行采区及垂直采区在顺序开采条件下,相邻采区间位置关系对内排留沟的影响,构建综合费用最小的关系模型,并综合考虑内排土极限容纳量与留沟高度的影响关系,提出留沟对端帮运输系统的影响及补偿,系统构建顺序开采条件下的内排留沟高度优化模型。

（3）平行采区（矿）间资源构成特征

结合露天矿几何形状及境界要素,分析平行推进相邻采区（矿）间压覆资源特征,研究相邻采区（矿）的境界关系对采区（矿）间资源的影响,建立平行采区（矿）间地质模型,进一步分析和计算相邻采区（矿）间资源量,为开采模型优化提供参考依据。

（4）平行采区推进内排留沟高度优化

以压帮内排和留沟内排为相邻平行采区（矿）间资源开采的基本方式,分析不同压帮方式对剥采比的影响规律,探索资源全部采出及使矿间资源开采经济效益最大两种模式下的留沟高度优化模型。

1.3.2 研究目标

以分区内排露天煤矿采区接续为研究对象,揭示顺序采区协调开采扇形转向接续过渡剥采工程发展的内在规律,建立顺序多采区协调开采留沟高度优化模型,揭示相邻平行采区(矿)间资源构成的特征,探索压帮留沟方式对剥采比的影响规律,构建平行采区(矿)间资源开采的留沟高度优化模型,为分区内排露天煤矿采区规划及发展奠定理论基础。

2　多采区接续过渡剥采关系
影响规律

2.1　采区接续转向方式基本类型

采区接续转向方式在综合考虑相邻采区间位置关系的基础上,依据各种转向过程可分为三种基本类型:留沟缓帮过渡、扇形过渡和重新拉沟过渡。

(1) 留沟缓帮过渡

留沟缓帮过渡是将开采方向一次改变 90°的一种转向方式。其实质是将旧采区端帮的一部分恢复成工作帮,如图 2-1 所示。在Ⅰ采区开采终了前,在要转向的一侧留沟内排;当Ⅰ采区最上部台阶到界后,将采矿设备调到原留沟的端帮进行恢复工作帮剥离,到界一个调走一个,依次调离。Ⅰ采区全部到界时,Ⅱ采区已逐步将原端帮恢复成工作帮,完成了 90°转向过渡。

留沟缓帮过渡有如下特点:

① 由于需要留沟内排,旧采区一侧端帮将无法布置运输通道,矿山运输由双环运输变为单环运输,卡车的内排运距增加(一般情况下双环运输变单环后增加的运距为 1/2 工作线长度),从而会增加运输费用。

② 由于留沟,内排空间减少,相应的剥离量需通过加高内排土场或外排来解决。加高内排土场需要增加剥离物运输的高程,运输成本高;增加外排量还需要增加征地费用。

③ 转向期间由于运距的增加,为满足剥离运输的需要,相应的运输设备也需增加,因此需要增加设备投资。

④ 旧采区开采终了与新采区缓成工作帮需同时完成,旧采区的采空区不能充分得到利用,因此会造成内排空间的浪费。

⑤ 转向前后工作面位置接近,一般不需另做延深来保证开拓储量,因此在矿石品质、产品供应等方面容易保证。

⑥ 转向过程中采运设备逐台调动,且调动距离不大,因此设备管理较简单。

(2) 扇形过渡

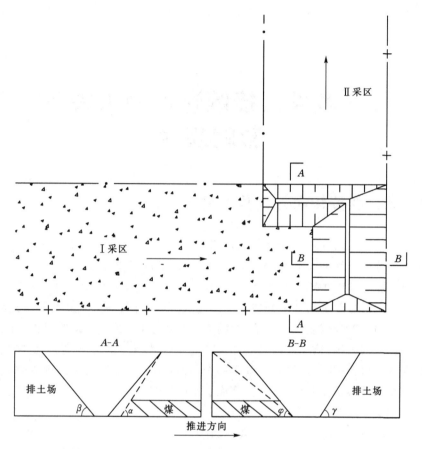

α—生产工作帮坡角；β—排土工作帮坡角；φ—到界生产工作帮坡角；γ—内排土场留沟帮坡角。

图 2-1 直角留沟缓帮采区转向方式

扇形过渡是工作线绕某一回转中心进行扇形转向推进的一种转向方式。在转向过程中，采掘工作面以回转中心为中心点，工作面向要转向的采区进行扇形推进。推进时，采掘台阶的外侧推进强度要大于内侧推进强度，转向期间工作面采用不等幅开采，如图 2-2 所示。

扇形过渡期间的矿山生产与正常时期的本质区别是工作面台阶内外侧推进强度不同，因而扇形过渡具有如下特点：

① 转向期间外侧工作面需进行超前剥离，超前剥离量需通过加高内排土场或排往外排土场来解决。但与留沟缓帮相比，增加的外排量要小得多。

② 转向期间采场工作线两侧的推进强度不同可能会导致在煤质搭配方面

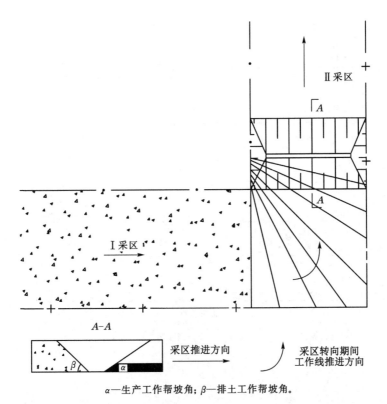

α—生产工作帮坡角；β—排土工作帮坡角。

图 2-2　扇形推进采区转向方式

出现问题。

③ 采掘台阶内外采用不等幅开采，生产管理较复杂。

④ 转向期间剥离物料仍可实现双环运输，运距由于外侧端帮的加强推进有所增大，但该方式对剥离物运距的整体影响不如留沟缓帮方式的大。

（3）重新拉沟过渡

重新拉沟过渡是在前一采区即将靠帮到界时，在下一相邻采区重新开掘出入沟并形成新工作面的过渡方式，如图 2-3 所示。新采区要重新拉沟，基建工程量大，相当于重新建矿，因此新、旧采区之间相互影响小甚至无干扰。

重新拉沟过渡的主要优缺点如下：

① 新、旧两采区之间接替过程中，重新开掘出入沟，剥离工程量较大，前期外排量巨大。

② 新、旧两采区同时作业期（过渡期）剥离量增大，设备数量增加。

③ 因重新拉沟，采区间相互影响小，采区可实现全压帮内排，采用双环运

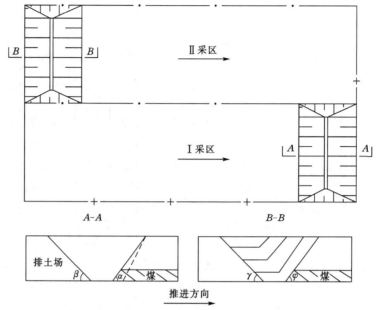

α—生产工作帮坡角；β—排土工作帮坡角；φ—基建期工作帮坡角；γ—非工作帮坡角。

图 2-3　重新拉沟采区转向方式

输,可减小运输距离。

④ 新采区初始拉沟位置可按建矿首采区拉沟原则选取,可选剥采比小、煤质好、距工业广场近等有利条件处开掘,以保证前期良好的经济效益。

2.2　采区间接续过渡转向方式

对于分区开采的露天煤矿,采区间的转向问题可分为两大类:一类是相交型采区的转向问题(以典型垂直 L 形采区为例),如图 2-4 中 1、2 采区间的转向;另一类是相邻平行采区间的转向问题,如图 2-4 中 2、3 采区间的转向。

2.2.1　相交型采区转向方式

对于相交型采区的转向问题,常用的转向方式有留沟缓帮过渡和扇形过渡两种方式。以图 2-4 中 1、2 采区的垂直采区关系为例,留沟缓帮过渡就是 1 采区直接推进到终了位置后,转向 90°向 2 采区推进;扇形转向是指 1 采区工作线平行推进至两采区交界处后,工作线改为扇形推进,即以内侧最底部工作台阶一

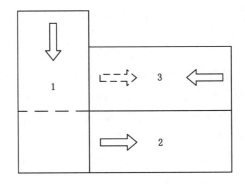

图 2-4　露天煤矿分区开采示意图

端端点为中心,以工作线长度为半径进行圆弧式发展。

2.2.2　相邻平行采区转向方式

相邻平行采区间的转向方式情况比较复杂,主要转向方式有以下几种,如图 2-5 所示。

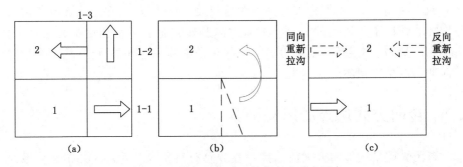

图 2-5　相邻平行采区转向方式示意图

(1)直角缓帮转向,即 1 采区推至采区边界后[图 2-5(a)中 1-1],转向 90° 推至 2 采区北部边界[图 2-5(a)中 1-2],再转向 90° 向西推进[图 2-5(a)中 1-3]。这种转向根据内排作业方式可采用留沟转向和不留沟转向(或称压帮内排转向)两种方式。① 留沟转向在 1 采区即将到界时,靠近 2 采区上部的内排台阶(或全部台阶)不能顺序跟进而影响内排作业,部分内排量需要加高内排土场的高度或另寻外排空间;作业管理工作复杂,上部台阶转入 2 采区后车辆行驶多数要靠近 2 采区的边帮一侧,否则另一侧边帮运距加大;当推进至 2 采区北侧再转向时,由于和 1 采区内排推进不能同步,设备运行管理工作复杂化,内排不容易同向跟进。② 不留沟转向会造成 2 采区的重复剥离,加大生产剥采比。

(2) 扇形转向方式,即 1 采区最底部工作线接近终了位置距离边界还有一个工作线长度时开始实行扇形推进方式,逐步向 2 采区过渡,如图 2-5(b)所示。这种转向方式与 L 形采区转向方式相似,在条件具备时应优先采用。扇形转向方式的优点是内排土场可以与采掘工作帮同时推进,工作线长度可以保持不变,过渡时期矿石产量平稳。然而,当开采工艺有半连续系统作业(如运煤采用单斗汽车、破碎机、带式输送机)时,管理工作复杂化程度加大,带式输送机移设困难。

(3) 重新拉沟,可分为两种方法:第一种方法为从 2 采区东侧反向重新拉沟,然后向西推进;第二种方法为 1 采区推至终了位置,然后返回 2 采区西部起始位置重新拉沟,向东推进,称为同向重新拉沟,如图 2-5(c)所示。重新拉沟两个方案的主要差别在于方法一可以实现内排土,2 采区剥离物可以直接排入 1 采区的采空区内,这种方法也相当于重新基建拉沟,但由于 1 采区内排位置尚未推进到最终端帮处,在 2 采区重新拉沟起始位置不会产生重复剥离,基建量少于同向重新拉沟方法;方法二需要重新拉沟,二次基建,存在相邻采区间的二次剥离,且剥离物需要另外购地建设外排土场,这在土地资源价值日益增加的情况下矛盾比较突出。重新拉沟基建在企业不增加设备的条件下,会影响产量的正常接续;或者为了产量的正常接续采用外委承包,从而会增加转向期间的生产成本。

2.3　转向方式选择的影响因素

露天煤矿采区转向方式的选择关系转向期间和转向后采区开拓运输系统的布置及生产剥采比等指标,直接影响露天煤矿开发的经济效益。而且对于资源和生产条件一定的露天煤矿而言,一般均有多种技术可行的采区转向方式可供选择,因此全面研究影响露天煤矿采区转向方式选择的各种因素具有十分重要的意义。

(1) 露天煤矿生产工艺

露天煤矿生产工艺的确定是矿山优化设计的主要内容之一,尤其是矿山物料运输方式的选择对采区转向方式选择至关重要。分析我国现阶段主要应用的几种生产工艺对上述转向方式的适应性,结果如表 2-1 所示。

表 2-1　不同生产工艺对转向方式的适应程度

生产工艺	留沟缓帮	扇形推进	重新拉沟
单斗-铁道间断工艺	较高	中	高
单斗-卡车间断工艺	高	较高	高
轮斗挖掘机-带式输送机连续工艺	较高	高	中
单斗-可移式破碎机-带式输送机半连续工艺	较高	高	中
单斗-卡车-半固定式破碎机-带式输送机半连续工艺	高	高	中
拉斗铲无运输倒堆工艺	较高	低	中

（2）露天煤矿内排方式

露天煤矿内排方式按照内排土场与采场边帮之间的关系可分成不压帮、半压帮和全压帮三种。扇形推进转向方式相对留沟缓帮转向方式的主要优势为留沟会导致内排运距和外排量显著增加，但对于正常生产时期，即采用不压帮内排方式的露天煤矿来说上述优势也就消失了。

（3）接续采区资源赋存情况

间断式转向方式可选择具有初期剥采比小、煤质好、距工业广场近、有利于外排土场布置等有利条件的位置拉沟，因而在一定程度上可以弥补重新拉沟带来的基建工程量大、外排量大等不足。对于以单斗-卡车间断工艺为主的露天煤矿而言，可以充分利用设备机动灵活的优势，从而可以考虑采用上述转向方式。如准格尔黑岱沟露天煤矿原设计采用从相邻的Ⅱ采区一端重新拉沟的采区转向方式，就是利用新采区初始剥采比小、距工业广场近等优点。

（4）外排土场选择及露天煤矿总平面布置

为降低采区转向期间投资成本和生产管理难度，一般要求尽量利用已有生产条件，如外排土场、开拓运输系统等。此外，不同转向方式在采区转向期间产生的外排量不同，可形成的开拓运输系统也不同。因此，能否找到合适的外排土场以及开拓运输系统的布置是否能满足开采工艺的要求也是影响采区转向方式选择的重要因素。

（5）运煤干道布置

运煤干道布置是露天煤矿开拓运输系统的重要组成部分，露天煤矿采区转向方式研究的重点之一就是必须保证运煤通道的畅通。运煤工艺选择和运煤干道布置关系露天煤矿内排方式和内排通道选择，因此对采区转向期间的剥离物外排量、内排运距等指标均有很大影响。

（6）转向期间的外排量

露天煤矿转向期间受到采区衔接影响的新采区无法形成内排土场和旧采区

内排土场空间不足等,往往会造成新旧采区有一部分的剥离量需要排弃至外排土场。这会使露天煤矿的运输距离增大,运输费用增多。① 间断式转向方式是在新采区重新拉沟,在新采区没有形成内排土场时,剥离物需要外排,所以间断式转向方式的外排量是这几种转向方式中最大的。② 缓帮留沟工艺由于进行留沟内排,内排空间急剧减少,从而会导致大量的剥离物无法按照正常生产期间的方式进行排弃。③ 扇形转向方式的外侧区域需要超前剥离,这一部分超前剥离量可能需要排弃至外排土场,但这个量要远远小于间断式转向方式和缓帮留沟转向。在转向期间外排量方面,重新拉沟方式的外排量最大,缓帮留沟转向方式次之,扇形转向方式再次之。

（7）采区转向过渡时间

对于露天煤矿生产而言,转向过渡的时间越短,对露天煤矿的生产的不利影响就越小。间断式拉沟方式需要重新拉沟,因此它的转向时间最长。扇形转向由于是不等幅开采,它的转向时间要比留沟缓帮的时间长,因此缓帮留沟转向所用时间最短。

（8）平均工作线长度

平均工作线长度是决定露天煤矿产量的一项重要因素,它直接影响采掘和运输设备的效率。间断式重新拉沟转向方式和缓帮留沟转向方式在转向期间的工作线长度变化不大;而扇形转向方式工作线长度不断地变化,因此相较其他两种转向方向,扇形转向方式生产组织管理要更加复杂。

（9）转向期间的平均剥采比

转向期间的平均剥采比直接决定露天煤矿的经济效益。间断式转向方式需要重新拉沟,因此它的平均剥采比最大;缓帮留沟转向方式的平均剥采比扇形转向方式略小。

（10）剥离物的综合运距

剥离物综合运距是影响采区衔接的重要因素,减少剥离物的综合运距对提高露天煤矿的经济效益作用明显。缓帮留沟转向方式由于存在内排留沟,无法进行双环内排,所以它的综合运距大;而扇形转向不需要留沟,因此它的综合运距要小于缓帮留沟转向方式。

（11）其他因素

端帮采煤系统布置也是采区转向方式选择的影响因素之一。存在端帮采煤系统的露天煤矿,采区转向期间不仅要考虑露天煤矿开拓运输系统的布置,而且必须考虑转向期间端帮采煤系统作业时间、运输通道、临时储矿场等坑内生产环节的布置。另外,采区转向方式选择还必须考虑征地等外部因素的限制,如果征地等外部环境准备不到位,则可能限制露天煤矿采掘作业的开始和推进,从而影响矿山生产的稳定性。

2.4 扇形转向剥采工程发展规律

2.4.1 扇形转向期间剥采比模型

　　扇形过渡是一种连续过渡方式,在采区接续过程中的剥采工程协调、生产组织变化等方面具有相对优势,是露天煤矿相邻采区接续转向的主要应用模式。扇形转向过渡模型如图 2-6 所示。

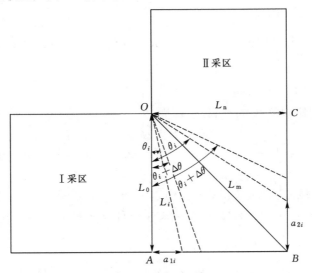

图 2-6　扇形转向过渡模型

　　以直角转向为例,假定相邻两采区宽度分别为 L_0 和 L_n,采区边界外部拐点为 B,工作线以扇形绕采区内部交点 O 顶轴转动,其中采区转向边界在过 OB 线后发生变化。假设任意转向过程中位置与初始工作线位置间转向角为 θ_i,外部工作线推进位置为 a_i,煤层厚度为 h,剥离物总高度为 H,两端帮边坡角分别为 β_1 和 β_2。

　　当转向过程中的外部工作线位置未达到采区拐点处,即未达到最大工作线长度 L_m 时,$0 \leqslant \theta_i \leqslant \mathrm{arccot}(L_0/L_m)$,工作线长度及外推进度分别为:

$$\begin{cases} L_i = L_0/\cos\theta_i \\ a_{1i} = L_0\tan\theta_i \end{cases} \quad (2\text{-}1)$$

　　当转向经过采区外部拐点后,$\mathrm{arccot}(L_0/L_m) < \theta_i \leqslant \pi/2$,工作线长度及外

推进度分别为:

$$\begin{cases} L_i = L_n / \sin \theta_i \\ a_{2i} = L_0 - L_n \cot \theta_i \end{cases} \tag{2-2}$$

则采煤工作线长度为:

$$l_i = L_i - H(\cot \beta_1 + \cot \beta_2) \tag{2-3}$$

(1) 在区域 OAB 内,$0 \leqslant \theta_i \leqslant \arccos(L_0/L_m)$ 时

当转向角以 $\Delta\theta$ 为增量变化时,剥离工程量变化量为:

$$\Delta V = \frac{1}{2} L_0^2 [\tan(\theta_i + \Delta\theta) - \tan \theta_i] H \tag{2-4}$$

对应的采煤量增量为:

$$\Delta Q = \frac{1}{2} [L_0 / \cos(\theta_i + \Delta\theta) - H(\cot \beta_1 + \cot \beta_2)]^2 \cos(\theta_i + \Delta\theta) \tan(\Delta\theta) h\gamma \tag{2-5}$$

式中　γ——原煤密度,t/m^3。

则转向角影响的剥采比可以表示为:

$$n_\theta = \frac{L_0^2 [\tan(\theta_i + \Delta\theta) - \tan \theta_i] H}{[L_0 / \cos(\theta_i + \Delta\theta) - H(\cot \beta_1 + \cot \beta_2)]^2 \cos(\theta_i + \Delta\theta) \tan(\Delta\theta) h\gamma} \tag{2-6}$$

(2) 在区域 OBC 内,$\text{arccot}(L_0/L_m) < \theta_i \leqslant \pi/2$ 时

当转向角以 $\Delta\theta$ 为增量变化时,剥离工程量变化量为:

$$\Delta V = \frac{1}{2} L_n^2 [\cot \theta_i - \cot(\theta_i + \Delta\theta)] H \tag{2-7}$$

扇形转向过程中,由于工作线内排平盘宽度不一致,不同位置的工作帮坡角不是定值。假定采煤工作线与剥离工作线水平跟进距离恒定,则对应的采煤量增量为:

$$\Delta Q = \frac{1}{2} [L_n / \sin(\theta_i + \Delta\theta) - H(\cot \beta_1 + \cot \beta_2)]^2 \sin(\theta_i + \Delta\theta) \tan(\Delta\theta) h\gamma \tag{2-8}$$

则转向角影响的剥采比可以表示为:

$$n_\theta = \frac{L_n^2 [\cot \theta_i - \cot(\theta_i + \Delta\theta)] H}{[L_n / \sin(\theta_i + \Delta\theta) - H(\cot \beta_1 + \cot \beta_2)]^2 \sin(\theta_i + \Delta\theta) \tan(\Delta\theta) h\gamma} \tag{2-9}$$

因此,采区扇形转向的剥采比与转向角间关系满足:

$$n_\theta = \begin{cases} \dfrac{L_0^2\left[\tan(\theta_i+\Delta\theta)-\tan\theta_i\right]H}{\left[L_0/\cos(\theta_i+\Delta\theta)-H(\cot\beta_1+\cot\beta_2)\right]^2\cos(\theta_i+\Delta\theta)\tan(\Delta\theta)h\gamma}, 0\leqslant\theta_i\leqslant\mathrm{arccot}(L_0/L_m) \\[4mm] \dfrac{L_n^2\left[\cot\theta_i-\cot(\theta_i+\Delta\theta)\right]H}{\left[L_n/\sin(\theta_i+\Delta\theta)-H(\cot\beta_1+\cot\beta_2)\right]^2\sin(\theta_i+\Delta\theta)\tan(\Delta\theta)h\gamma}, \mathrm{arccot}(L_0/L_m)<\theta_i\leqslant\pi/2 \end{cases}$$

$$(2\text{-}10)$$

2.4.2 扇形转向期间剥采比变化规律

以黑岱沟露天煤矿首采区与二采区转向为例,其中 $L_0=L_n=2.0$ km, $\beta_1=\beta_2=34°$, $H=185$ m, $h=30$ m, $\gamma=1.5$ t/m³。设单位转向角增量为1°,结合式(2-10)分析扇形转向期间剥采比变化规律。

由图 2-7 可以看出,扇形转向期间剥采比随转向角增大而增大,当扇形工作线长度增大到最大值时(即 $L_0=L_n$ 时的转向角为 45°),剥采比增加到最大,而后随着扇形工作线长度逐渐减小而降低。显然最大剥采比出现在工作线长度最大的位置,而该位置又与转向前后两工作线长度密切相关。进一步讨论转向前后工作线长度对扇形转向期间剥采比变化影响规律,假定 $L_0=1\,500$ m, $L_n=2\,000$ m,工作线长度最大时的转向角为 53°;假定 $L_0=2\,000$ m, $L_n=1\,500$ m,工作线长度最大时的转向角为 37°(图 2-8)。

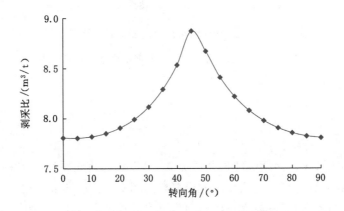

图 2-7 扇形转向期间剥采比随转向角变化曲线

当转向前后扇形工作线长度不等时,最大剥采比同样出现在扇形工作线长度最大处,剥采比呈现先增大后减小的趋势。扇形转向期间剥采比变化主要是由扇形工作线长度变化引起的,应依据剥采比变化规律调整剥采工程程序,使剥采比尽可能均衡。

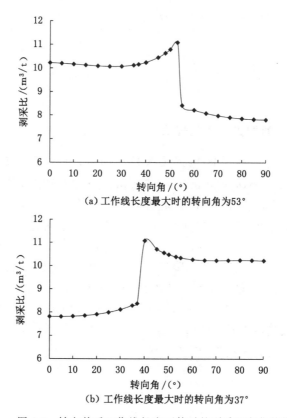

（a）工作线长度最大时的转向角为53°

（b）工作线长度最大时的转向角为37°

图 2-8　转向前后工作线长度不等时的剥采比变化趋势

2.5　本章小结

　　本章分析了采区接续过渡的几种方式,并以相邻直角采区为例构建了扇形转向过渡基本模型,建立了扇形转向过渡期间剥采比分段函数表达式,确定了剥采比随转向角的变化规律:无论转向前后工作线长度是否相等,最大剥采比都会出现在扇形工作线长度最大处,剥采比呈现先增大后减小的趋势。

3　顺序采区协调开采内排留沟高度优化

针对大型露天煤矿分区开采衍生出的相邻采区间二次剥离量大的问题,在考虑压帮内排留沟模式影响的基础上,结合外排空间受限条件,基于内排加高分析不同压帮留沟模式对剥采与运输系统的影响,建立全压帮及半压帮内排总费用模型,并对半压帮倒三角留沟模式和槽形留沟模式进行对比分析。基于费用补偿法,以全压帮内排为参照,在剥离物料不外排的条件下,综合考虑内排容量,构建压帮内排倒三角留沟模式与槽形留沟模式的留沟高度优化模型以及内排搭桥移设步距优化模型。

3.1　露天煤矿压帮内排总费用模型

3.1.1　全压帮内排费用关系模型

全压帮内排是指在开采过程中内排的剥离物料将端帮全部掩埋的形式,如图 3-1 所示。在开采前一个采区时,内排的剥离物料将端帮全部掩埋,缩短了内排时剥离物料的运距,减少了外排量,在一定程度上减少了该采区的开采成本,但在采下一采区时,增大了内排土场的二次剥离量。全压帮内排二次剥离量排放区域为△BDF区域,根据图 3-1 所示全压帮内排关系,有:

$$\begin{cases} S_1 = \dfrac{H^2(\cot\alpha + \cot\beta)}{2} \\ V_1 = \dfrac{H^2(\cot\alpha + \cot\beta)L}{2} \end{cases} \qquad (3\text{-}1)$$

式中　S_1——全压帮内排二次剥离影响面积,m^2;

　　　H——露天煤矿开采深度,m;

　　　α——内排土场最终边坡角,(°);

　　　β——端帮最终边坡角,(°);

V_1——全压帮内排二次剥离量,m^3;

L——相邻采区留沟长度,m。

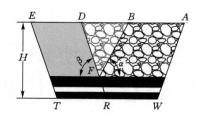

图 3-1 相邻采区全压帮内排示意图

(1) 全压帮内排二次剥离物料的剥离费用模型

全压帮内排二次剥离费用与开采深度、边坡角、留沟长度以及单位二次剥离费用有关,即

$$C_1 = \frac{H^2(\cot\alpha + \cot\beta)LA}{2} \tag{3-2}$$

式中 C_1——全压帮内排二次剥离费用,元;

A——单位二次剥离费用,元/m^3。

(2) 全压帮内排二次剥离物料的运输费用模型

全压帮内排二次剥离物料采用双环运输系统(图 3-2)。通过理论分析,本模型以工作帮及内排土场工作帮 1/4 位置为装载点及排卸点,在每个水平上,卡车将剥离物料通过端帮运输排弃至内排土场,以煤层顶板工作线为分界线,左边剥离物通过左端帮运输,右边剥离物通过右端帮运输。采用露天煤矿开采深度一半的水平位置对应的剥离物运距作为双环运输平均运距,即

$$L_{wl} = \frac{1}{4}L_{a1} + L_{b1} + \frac{1}{4}L_{c1} = \frac{1}{2}L_m + L_n + \frac{1}{2}H(\cot\alpha_1 + \cot\beta_1 + \cot\beta)$$

$$\tag{3-3}$$

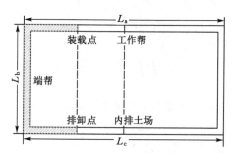

图 3-2 全压帮内排端帮双环运输系统示意图

式中 L_a,L_b——不同开采水平对应工作帮和端帮工作线长度,m;

L_{a1},L_{b1}——工作帮、端帮工作线平均长度,m;

L_c——不同开采水平下对应内排土场工作线长度,m;

L_{c1}——内排土场工作线平均长度,m;

β_1——露天煤矿采场工作帮边坡角,(°);

α_1——露天煤矿内排土场工作帮边坡角,(°);

L_m——露天煤矿煤层顶板工作线长度,m;

L_n——露天煤矿坑底宽度,m;

L_{w1}——全压帮内排剥离物料端帮双环运输系统平均运距,m。

全压帮内排二次剥离物料的运输费用与运距、单位运输费用、运输物料量等有关,即

$$C_2 = \frac{H^2(\cot\alpha + \cot\beta)LB_2}{2\,000}\left[\frac{1}{2}L_m + L_n + \frac{1}{2}H(\cot\alpha_1 + \cot\beta_1 + \cot\beta)\right]$$

(3-4)

式中 C_2——全压帮内排二次剥离物料运输费用,元;

B_2——二次剥离物料单位运输费用,元/(m³·km)。

(3)全压帮内排二次剥离总费用模型

全压帮内排时剥离运输采用的是双环运输系统,运输距离较小,剥离物料不需要外排,对开采系统影响最小。对开采系统的影响主要体现在下一采区二次剥离物料的剥离与运输费用上。分析建立全压帮内排二次剥离总费用模型:

$$G_1 = \frac{H^2(\cot\alpha + \cot\beta)L}{2\,000}\left\{1\,000A + B_2\left[\frac{1}{2}L_m + L_n + \frac{1}{2}H(\cot\alpha_1 + \cot\beta_1 + \cot\beta)\right]\right\}$$

(3-5)

式中 G_1——全压帮内排二次剥离总费用,元。

3.1.2 半压帮内排倒三角留沟费用关系模型

半压帮内排是指在内排压帮过程中,剥离物料对相邻下一个采区的端帮不完全压覆的形式,是介于全压帮内排和全留沟内排之间的一种内排方式,如图3-3所示。

半压帮内排结合了全留沟内排和全压帮内排的特点。与全压帮内排相比,半压帮内排有效地减少了下一采区开采时的二次剥离量,降低了下一采区的开采成本;与全留沟内排相比,半压帮内排降低了部分剥离物料的外部运输费用,同时采用半压帮内排方式,留沟高度以下依旧可以使用双环运输系统,减少了留沟对双环运输系统的影响,但增加了压帮部分物料的二次剥离费用及留沟上部

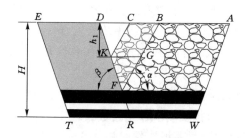

图 3-3　半压帮内排倒三角留沟示意图

单侧剥离物料的转排费用。整体来看,与全压帮内排和全留沟内排相比,半压帮内排具有较好的经济优势,其经济性和留沟高度密切相关。

（1）倒三角留沟二次剥离费用模型

半压帮内排倒三角留沟模式结合了全压帮内排和全留沟内排的特点。根据图 3-4 半压帮内排倒三角留沟二次剥离区域面积示意图有:

$$\begin{cases} S_2 = \dfrac{h_1^2(\cot \alpha + \cot \beta)}{2} \\[2mm] S_3 = \dfrac{(H^2 - h_1^2)(\cot \alpha + \cot \beta)}{2} \\[2mm] V_3 = \dfrac{(H^2 - h_1^2)(\cot \alpha + \cot \beta)L}{2} \end{cases} \tag{3-6}$$

式中　S_2,S_3——压帮内排倒三角留沟模式留沟区域面积与二次剥离区域面积,m^2;

　　　V_3——压帮内排倒三角留沟二次剥离物料量,m^3。

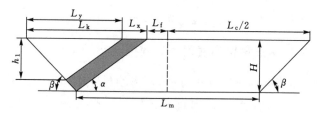

图 3-4　半压帮内排倒三角留沟二次剥离区域面积示意图

在倒三角留沟条件下,二次剥离部分物料靠近下一采区一侧端帮,运输距离近似等于双环运输距离,其剥离费用与运输费用为:

$$\begin{cases} C_3 = \dfrac{(H^2 - h_1^2)(\cot \alpha + \cot \beta)LA}{2} \\ C_4 = \dfrac{(H^2 - h_1^2)(\cot \alpha + \cot \beta)LB_2}{2\ 000}[0.5L_m + L_n + 0.5H(\cot \alpha_1 + \cot \beta_1 + \cot \beta)] \end{cases}$$

$$(3\text{-}7)$$

式中　C_3,C_4——压帮内排倒三角留沟二次剥离物料的剥离费用与运输费用,元。

（2）倒三角留沟上部物料单环运输费用模型

采用半压帮内排方式时,留沟水平标高以上的单侧剥离物料采用的是单环运输系统(图 3-5),会增加分界线靠近西端帮一侧剥离物料的运输费用;留沟水平标高以下部分则采用双环运输系统。

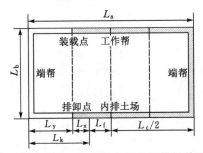

图 3-5　半压帮内排倒三角留沟上部单侧物料单环运输示意图

为简化表示半压帮内排引起留沟上部水平剥离物料的运输距离的变化,将工作帮靠近西端帮一侧留沟水平以上的剥离物料分为留沟部分(C)和非留沟部分(D)两部分来进行研究,如图 3-6 所示。

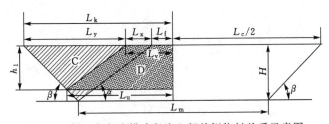

图 3-6　倒三角留沟模式留沟上部单侧物料关系示意图

采用半压帮内排方式时,留沟部分剥离物料不考虑外排,而通过加高内排土场的高度来实现内排。

针对 C 部分剥离物料,由于留沟的影响,此部分剥离物料运输道路为单环运输系统,此部分剥离物料通过加高内排土场的高度实现排弃,选择留沟高度一半的水平位置所对应的运输距离作为 C 部分剥离物料的平均运输距离；同理，针对 D 部分剥离物料，此部分剥离物料运输系统采用单环运输系统，依旧选择留沟高度一半的水平位置所对应的运输距离作为 D 部分剥离物料的平均运输距离。其中，留沟增加了留沟上部物料的运距（图 3-5），C、D 两部分剥离物料单环运输的平均运距为：

$$\begin{cases} L_{wC} = \dfrac{5}{4}L_m + L_n + \left(H - \dfrac{1}{2}h_1\right)\left(\dfrac{2}{3}\cot\beta + \cot\beta_1 + \cot\alpha_1\right) + \\ \qquad \dfrac{1}{2}H(\cot\beta - \cot\alpha) \\ L_{wD} = \dfrac{3}{2}L_m + L_n + \left(H - \dfrac{1}{2}h_1\right)\left(\dfrac{5}{2}\cot\beta + \cot\alpha_1 + \cot\beta_1\right) + \\ \qquad \dfrac{1}{2}(H - h_1)\cot\beta - \dfrac{1}{4}h_1\cot\alpha \end{cases} \quad (3\text{-}8)$$

式中　L_{wC}——C 部分剥离物料单环运输平均运距，m；

　　　L_{wD}——D 部分剥离物料单环运输平均运距，m。

相对双环运输，两部分剥离物料增加的运输距离为：

$$\begin{cases} \Delta L_{wC} = \dfrac{3}{4}L_m + H\left(\cot\beta - \dfrac{1}{2}\cot\alpha\right) - \dfrac{1}{4}h_1\cot\beta \\ \Delta L_{wD} = L_m + \left(2H - \dfrac{5}{4}h_1\right)\cot\beta - \dfrac{1}{4}h_1\cot\alpha \end{cases} \quad (3\text{-}9)$$

式中　ΔL_{wC}——C 部分剥离物料增加的平均运距，m；

　　　ΔL_{wD}——D 部分剥离物料增加的平均运距，m。

通过对 C 与 D 两部分物料的体积进行分析，得到 C 和 D 两部分剥离物料量：

$$\begin{cases} V_C = \dfrac{h_1^2(\cot\alpha + \cot\beta)L}{2} \\ V_D = \dfrac{[L_m + 2H\cot\beta - h_1(2\cot\beta + \cot\alpha)]h_1L}{2} \end{cases} \quad (3\text{-}10)$$

式中　V_C，V_D——C 与 D 两部分剥离物料量，m³。

通过分析建立两部分剥离物料增加的运输费用模型：

$$\begin{cases} C_5 = \dfrac{h_1^2(\cot\alpha + \cot\beta)LB_1}{2\,000}\left[\dfrac{3}{4}L_m + H\left(\cot\beta - \dfrac{1}{2}\cot\alpha\right) - \dfrac{1}{4}h_1\cot\beta\right] \\ C_6 = \dfrac{[L_m + 2H(\cot\beta + \cot\alpha)]h_1LB_1}{2\,000}\left[L_m + \left(2H - \dfrac{5}{4}h_1\right)\cot\beta - \dfrac{1}{4}h_1\cot\alpha\right] \end{cases}$$

$$(3\text{-}11)$$

式中　C_5,C_6——压帮内排倒三角留沟模式留沟上部单侧剥离物料留沟区域与非留沟区域剥离物料增加的运输费用，元；

　　B_1——一次剥离物料单位运输费用，元/(m³·km)。

建立半压帮内排倒三角留沟总费用模型：

$$G_2 = I_1 h_1^3 + I_2 h_1^2 + I_3 h_1 + I_4$$

$$\text{s.t.}\begin{cases} I_1 = \dfrac{LB_1(6\cot\alpha\cot\beta + 9\cot^2\beta + \cot^2\alpha)}{8\,000} \\[4mm] I_2 = \dfrac{(\cot\alpha + \cot\beta)LB_2[0.25L_m - L_n + 0.5H(\cot\beta - \cot\alpha_1 - \cot\beta_1 - \cot\alpha)]}{2\,000} - \\[4mm] \qquad \dfrac{1\,000LA(\cot\alpha + \cot\beta) + LB_2(L_m + 2H\cot\beta)\left(\dfrac{13}{4}\cot\beta + \dfrac{5}{4}\cot\alpha\right)}{2\,000} \\[4mm] I_3 = \dfrac{LB_1(L_m^2 + 4HL_m\cot\beta + 4H^2\cot^2\beta)}{2\,000} \\[4mm] I_4 = \dfrac{H^2(\cot\alpha + \cot\beta)L\left\{1\,000A + B_2\left[\dfrac{1}{2}L_m + L_n + \dfrac{1}{2}H(\cot\alpha_1 + \cot\beta_1 + \cot\beta)\right]\right\}}{2\,000} \end{cases}$$

$$(3\text{-}12)$$

式中　G_2——半压帮内排倒三角留沟总费用，元。

3.1.3　半压帮内排槽形留沟费用关系模型

压帮内排倒三角留沟方式是目前大型近水平露天煤矿分区开采相邻采区间开采过程中应用的主要开采方案之一，因其留沟部分断面呈倒三角形状，称为倒三角留沟内排方式，如图 3-6 所示。

该种方案由于留沟形状为三角形，相对来说内排空间能够得到更有效的释放，在图 3-6 中 L_x 上部也可以通过加高内排土场高度的形式排弃剥离物料，虽然在短期内扩增了压帮内排开采时的内排空间，但是此部分也属于二次剥离区域，长远来看增加了剥离物料的二次剥离量。同时倒三角留沟内排，留沟形状为三角形，在剥离物料量一定的情况下，其对应的留沟高度较大。

留沟高度越大对运输系统的水平影响越大。由于留沟的影响，留沟下部剥离物料依旧采用双环运输系统，留沟上部单侧剥离物料，如图 3-6 所示，其中留沟部分(C)剥离物料以及非留沟部分(D)剥离物料均采用单环运输系统。通过对图 3-6 的分析，在留沟部分(C)剥离物料一定的情况下，采用倒三角留沟内排对应的留沟高度较大，较大的留沟高度将会导致非留沟部分(D)剥离物料在单侧剥离物料中所占比例较大。压帮内排倒三角留沟内排方式,虽然使得内排空间在短时间内得到有效的释放,但较大的留沟高度对单侧剥离物料的运输系统影响较大,使单侧剥离物料的运输费用增高,不利于矿山经济效益。

为减少留沟高度对剥离物料运输系统的影响,降低留沟上部单侧剥离物料增加的运输费用,在保持二次剥离量不变的情况下,为降低留沟高度,将 D_1 部分剥离物料充填至 C_2 部分进行排弃,半压帮内排倒三角留沟方式优化如图 3-7 所示。

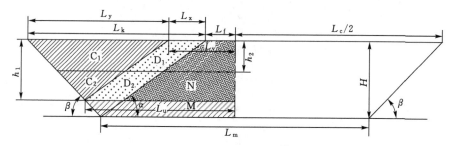

图 3-7 半压帮内排倒三角留沟方式优化示意图

通过对图 3-7 的分析,优化之后留沟的形状类似倒立的梯形,因此将此类留沟方式命名为槽形水平留沟。该压帮内排方式可有效降低留沟高度,如图 3-8 所示。

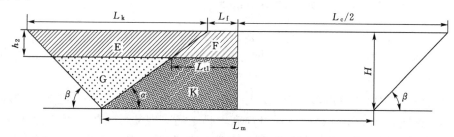

图 3-8 半压帮内排槽形水平留沟示意图

半压帮内排槽形水平留沟,留沟部分断面为凹槽形状,相对倒三角留沟方式,在留沟断面的面积一定的情况下,槽形留沟高度较小,对单侧剥离物料的运输系统影响较小。通过对图 3-8 的分析,槽形水平留沟会影响 E 与 F 部分的剥离物料。相对倒三角留沟内排,该种留沟方式虽然内排空间较小,但内排空间排弃的剥离物料是永久性的,不需要进行二次剥离。槽形水平留沟开采相对倒三角水平留沟开采,影响的内排空间及二次剥离量一致,但降低了留沟对运输系统的影响,减少了留沟上部单侧剥离物料的单环运输费用。因此,压帮内排槽形留沟比压帮内排倒三角留沟具有优势。

(1) 槽形留沟二次剥离费用模型

根据槽形留沟二次剥离区域示意图(图3-9),有:

$$\begin{cases} S_4 = \dfrac{(H-h_2)^2(\cot\alpha+\cot\beta)}{2} \\[3mm] V_4 = \dfrac{(H-h_2)^2(\cot\alpha+\cot\beta)L}{2} \end{cases} \tag{3-13}$$

式中 S_4——槽形留沟二次剥离区域面积,m^2;

V_4——槽形留沟二次剥离量,m^3。

建立槽形留沟二次剥离物料的剥离费用模型:

$$C_7 = V_4 A = \frac{(H-h_2)^2(\cot\alpha+\cot\beta)LA}{2} \tag{3-14}$$

式中 C_7——槽形留沟二次剥离费用,元。

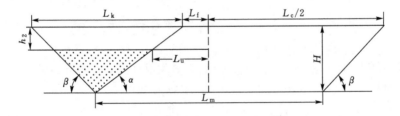

图3-9 槽形留沟二次剥离区域示意图

取压帮深度一半位置水平的运输距离为槽形留沟二次剥离物料的平均运距:

$$L_{w2} = \frac{L_m + 2L_n + (H-h_2)(\cot\beta+\cot\alpha_1+\cot\beta_1)}{2} \tag{3-15}$$

式中 h_2——槽形留沟模式的留沟高度,m;

L_{w2}——槽形留沟二次剥离物料平均运距,m。

建立槽形留沟二次剥离物料的运输费用模型:

$$C_8 = \frac{(H-h_2)^2(\cot\alpha+\cot\beta)LB_2[L_m+2L_n+(H-h_2)(\cot\beta+\cot\alpha_1+\cot\beta_1)]}{4\,000}$$

$$\tag{3-16}$$

式中 C_8——槽形留沟二次剥离物料运输费用,元。

(2)槽形留沟水平上部工作帮单侧剥离物料增加的运输费用模型

将留沟水平上部工作帮单侧剥离物料分为留沟区域 E 和非留沟区域 F 两部分(图 3-10),有:

$$\begin{cases} V_E = \dfrac{h_2(2H - h_2)(\cot\alpha + \cot\beta)L}{2} \\ V_F = \dfrac{[L_m - (2H - h_2)\cot\alpha]h_2 L}{2} \end{cases} \tag{3-17}$$

式中 V_E——E 部分剥离物料量,m³;

V_F——F 部分剥离物料量,m³。

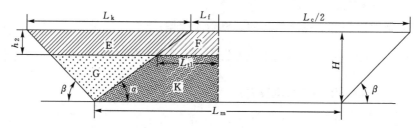

图 3-10 槽形留沟模式留沟上部单侧物料关系示意图

采用槽形留沟,留沟水平标高以上的剥离物料采用的是单环运输系统,留沟水平标高以下采用双环运输系统,如图 3-11 所示。

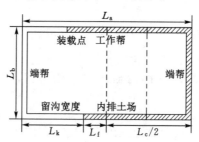

图 3-11 槽形留沟单环运输示意图

为简化表示半压帮内排引起留沟上部水平剥离物料的运输距离的变化,将工作帮靠近西端帮一侧的留沟水平以上剥离物料分为 E、F 两部分进行分析。

E 部分剥离物料采用单环运输系统,此部分剥离物料通过加高内排土场的高度进行排弃,取留沟高度一半的水平位置所对应的运输距离作为 E 部分剥离物料的平均运输距离;同理,针对 F 部分剥离物料,取留沟高度一半的水平位置剥离物料运输距离作为 F 部分剥离物料的平均运输距离,分析得到 E 与 F 两部分剥离物料单环平均运距:

$$\begin{cases} L_{wE} = \left(H - \dfrac{1}{2}h_2\right)\left(\dfrac{3}{2}\cot\beta + \cot\beta_1 + \cot\alpha_1\right) + \\ \qquad\quad \dfrac{1}{2}H(\cot\beta - \cot\alpha) + \dfrac{5}{4}L_m + L_n \\ L_{wF} = \left(H - \dfrac{1}{2}h_2\right)\left(\dfrac{5}{2}\cot\beta - \dfrac{1}{2}\cot\alpha + \cot\alpha_1 + \cot\beta_1\right) + \\ \qquad\quad \dfrac{3}{2}L_m + L_n \end{cases} \tag{3-18}$$

式中　L_{wE}——E 部分剥离物料单环运输平均运距,m;

　　　L_{wF}——F 部分剥离物料单环运输平均运距,m。

　　两部分剥离物料相对双环运输增加的平均运距为:

$$\begin{cases} \Delta L_{wE} = \dfrac{3}{4}L_m + H\left(\cot\beta - \dfrac{1}{2}\cot\alpha\right) - \dfrac{1}{4}h_2\cot\beta \\ \Delta L_{wF} = L_m + \left(H - \dfrac{1}{2}h_2\right)\left(\dfrac{3}{2}\cot\beta - \dfrac{1}{2}\cot\alpha\right) \end{cases} \tag{3-19}$$

式中　ΔL_{wE}——E 部分剥离物料增加的平均运距,m;

　　　ΔL_{wF}——F 部分剥离物料增加的平均运距,m。

　　得到两部分剥离物料增加的运输费用:

$$\begin{cases} C_9 = \dfrac{h_2(2H - h_2)(\cot\alpha + \cot\beta)LB_1\left[\dfrac{3}{4}L_m + H\left(\cot\beta - \dfrac{1}{2}\cot\alpha\right) - \dfrac{1}{4}h_2\cot\beta\right]}{2\,000} \\ C_{10} = \dfrac{[L_m - (2H - h_2)\cot\alpha]h_2LB_1\left[L_m + \left(H - \dfrac{1}{2}h_2\right)\left(\dfrac{3}{2}\cot\beta - \dfrac{1}{2}\cot\alpha\right)\right]}{2\,000} \end{cases} \tag{3-20}$$

式中　C_9——E 部分剥离物料增加的运输费用,元;

　　　C_{10}——F 部分剥离物料增加的运输费用,元。

　　建立半压帮内排槽形留沟总费用模型:

$$G_3 = I_5 h_2^3 + I_6 h_2^2 + I_7 h_2 + I_8$$

$$\text{s.t.}\begin{cases} I_5 = \dfrac{LB_1\left[\cot\alpha(\cot\alpha - 2\cot\beta) - (\cot\alpha + \cot\beta)(\cot\beta + 2\cot\alpha_1 + 2\cot\beta_1)\right]}{8\,000} \\[4mm] I_6 = \dfrac{(\cot\alpha + \cot\beta)B_2L\left[2L_n - 0.5L_m + H(3\cot\alpha_1 + 3\cot\beta_1 + \cot\alpha)\right] + 2\,000(\cot\alpha + \cot\beta)AL}{4\,000} - \\[4mm] \qquad \dfrac{LB_2\left[2L_m\cot\alpha + (3\cot\beta - \cot\alpha)(2H\cot\alpha - 0.5L_m)\right]}{4\,000} \\[4mm] I_7 = \dfrac{(\cot\alpha + \cot\beta)HB_1L\left[0.5L_m - 2L_n + 0.5H(\cot\beta - 2\cot\alpha - 3\cot\alpha_1 - 3\cot\beta_1)\right]}{2\,000} + \\[4mm] \qquad \dfrac{B_1L(L_m - 2h\cot\alpha\left[L_m + H(1.5\cot\beta - 0.5\cot\alpha)\right] - 2\,000HLA(\cot\alpha + \cot\beta)}{2\,000} \\[4mm] I_8 = \dfrac{H^2(\cot\alpha + \cot\beta)L\left\{1\,000A + B_2\left[\dfrac{1}{2}L_m + L_n + \dfrac{1}{2}H(\cot\alpha_1 + \cot\beta_1 + \cot\beta)\right]\right\}}{2\,000} \end{cases}$$

$$(3\text{-}21)$$

式中　G_3——半压帮内排槽形留沟总费用,元。

3.2　露天煤矿压帮内排留沟高度优化模型

3.2.1　留沟内排空间关系模型

在不增加外排空间的条件下,两种留沟模式中留沟区域剥离物料主要通过加高内排土场的高度进行排弃。在留沟面积相等的情况下,倒三角留沟[图 3-12(a)]留沟高度较大,相对留沟宽度在内排土场工作线长度中占比较小;在内排土场高度一定时,内排容量较大。该留沟模式前期一定程度上缓解了内排压力,但在开采留沟区域相邻采区时增加了二次剥离量。槽形留沟[图 3-12(b)]留沟高度小,但留沟宽度在内排土场工作线长度中占比较大,内排空间受到一定限制。

考虑内排土场高度加高后增加的排弃空间不小于留沟区域剥离物料量,即 $V_t \geqslant V_C$,$V_t \geqslant V_E$。

$$\begin{cases} V_t = (L_m + H\cot\beta - H\cot\alpha - X_1 - H_p\cot\alpha)H_pL \\[3mm] V_C = \dfrac{Ph_1^2(\cot\alpha + \cot\beta)L}{2} \\[3mm] V_E = \dfrac{Ph_2(2H - h_2)(\cot\alpha + \cot\beta)L}{2} \end{cases} \qquad (3\text{-}22)$$

通过分析确定两种留沟模式最大留沟高度分别为:

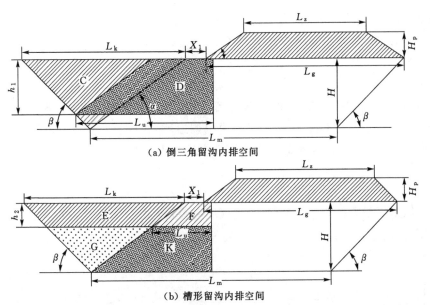

图 3-12 半压帮内排模式内排空间示意图

$$\begin{cases} h_{1\max} \leqslant \sqrt{\dfrac{2(L_m + H\cot\beta - H\cot\alpha - X_1 - H_p\cot\alpha)H_p L}{P(\cot\alpha + \cot\beta)L}} \\[4mm] h_{2\max} \leqslant H - \sqrt{\dfrac{H^2(\cot\alpha + \cot\beta)L - 2(L_m + H\cot\beta - H\cot\alpha - X_1 - H_p\cot\alpha)H_p}{P(\cot\alpha + \cot\beta)L}} \end{cases}$$

(3-23)

式中 $h_{1\max}$, $h_{2\max}$——倒三角、槽形留沟最大留沟高度,m;

$\quad\quad X_1$——平盘安全距离,m;

$\quad\quad H_p$——内排土场增加高度,m。

3.2.2 倒三角留沟高度优化模型

以全压帮内排开采为参照,构建倒三角留沟高度的费用补偿法关系模型:

$$Y_1 = -I_1 h_1^3 - I_2 h_1^2 - I_3 h_1$$

$$\text{s.t.} \begin{cases} I_1 = \dfrac{LB_1(6\cot\alpha + \cot\beta)LB_2[0.25L_m - L_n + 0.5H(\cot\beta - \cot\alpha_1 - \cot\beta_1 - \cot\alpha)]}{2\,000} - \\[4mm] \quad\quad \dfrac{1\,000LA(\cot\alpha + \cot\beta) + LB_2(L_m + 2H\cot\beta)\left(\dfrac{13}{4}\cot\beta + \dfrac{5}{4}\cot\alpha\right)}{2\,000} \\[4mm] I_3 = \dfrac{LB_1(L_m^2 + 4HL_m\cot\beta + 4H^2\cot^2\beta)}{2\,000} \end{cases}$$

(3-24)

式中 Y_1——倒三角留沟高度优化模型。

对 Y_1 求导,并令其导数为零,可得:

$$h_1 = \frac{2I_2 \pm \sqrt{4I_2^2 - 12I_1I_3}}{-6I_1} \tag{3-25}$$

根据式(3-25)确定方程的两个解 $h_{11} < h_{12}$,且由于 $I_1 > 0$,显然函数在 $(-\infty, h_{11})$ 内单调递减,在 (h_{11}, h_{12}) 内单调递增,在 $(h_{12}, +\infty)$ 内单调递减,并考虑 $h_1 \in [0, H]$,综合确定使补偿费用最大的留沟高度。

3.2.3 槽形留沟高度优化模型

以全压帮内排开采为参照,构建槽形留沟高度的费用补偿法关系模型:

$$Y_2 = -I_5 h_2^3 - I_6 h_2^2 - I_7 h_2$$

$$\text{s.t.}\begin{cases} I_5 = \dfrac{LB_1[\cot\alpha(\cot\alpha - 4\cot\beta) - (\cot\alpha + \cot\beta)(\cot\beta + 2\cot\alpha_1 + 2\cot\beta_1)]}{8\,000} \\[3mm] I_6 = \dfrac{(\cot\alpha + \cot\beta)B_2L[2L_n - 0.5L_m + H(3\cot\alpha_1 + 3\cot\beta_1 + \cot\alpha)] + 2\,000(\cot\alpha + \cot\beta)AL}{4\,000} - \\[3mm] \qquad \dfrac{LB_2[2L_m\cot\alpha + (3\cot\beta - \cot\alpha)(2H\cot\alpha - 0.5L_m)]}{4\,000} \\[3mm] I_7 = \dfrac{(\cot\alpha + \cot\beta)HB_1L[0.5L_m - 2L_n + 0.5H(\cot\beta - 2\cot\alpha - 3\cot\alpha_1 - 3\cot\beta_1)]}{2\,000} + \\[3mm] \qquad \dfrac{B_1L(L_m - 2H\cot\alpha)[L_m + H(1.5\cot\beta - 0.5\cot\alpha)] - 2\,000HLA(\cot\alpha + \cot\beta)}{2\,000} \end{cases}$$

$$\tag{3-26}$$

式中 Y_2——槽形留沟高度优化模型。

对 Y_2 求导,并令其导数为零,可得:

$$h_2 = \frac{2I_6 \pm \sqrt{4I_6^2 - 12I_5I_7}}{-6I_5} \tag{3-27}$$

结合式(3-25)确定函数增减性的方法及 $h_2 \in [0, H]$ 综合确定使补偿费用最大的槽形留沟的最佳留沟高度。

3.3 露天煤矿压帮内排搭桥移设步距优化模型

留沟虽然一定程度上降低了矿山的整体开采成本,提高了经济效益,但也对剥离物料的运输系统产生了一定的影响,不仅增大了剥离物料的运输距离,而且增加了东端帮的运输压力。为了降低留沟对运输系统的影响,在留沟区域通过内排搭桥的方式连通内排土场与端帮,建立双环运输系统,如图 3-13 所示。其中桥体的移设步距是影响搭桥经济效益的主要因素。移设步距越大,搭桥次数越少,搭桥和重复剥离所需费用越低。然而,剥离物被运送至排弃地点的过程中,汽车在端帮和排土场增加的行走距离也会越大,从而会增加运输费用。

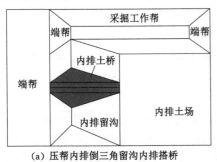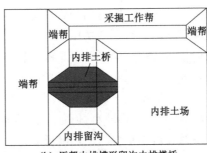

(a) 压帮内排倒三角留沟内排搭桥　　　　(b) 压帮内排槽形留沟内排搭桥

图 3-13　半压帮内排模式内排搭桥示意图

3.3.1　留沟内排搭桥主要参数

(1) 桥面宽度

搭桥的目的是在西端帮与内排土场之间建立通道,构建剥离物料的双环运输系统,从而降低单环运输道路对矿山运输系统的影响。桥面的宽度必须满足矿山运输卡车的通行要求,如图 3-14 所示。

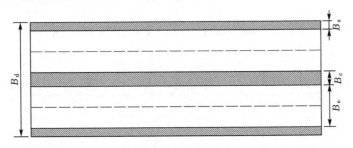

图 3-14　内排桥面宽度设计示意图

$$B_d = B_c + 2B_s + 2B_e \tag{3-28}$$

式中　B_d——内排搭桥的桥面宽度,m;

　　　B_c——矿用卡车两车会车时的最小安全距离,m;

　　　B_e——矿用卡车宽度,m;

B_s——矿用卡车距离路边的安全距离,m。

(2)内排搭桥高度

两种留沟方式在搭桥的桥切面图形的形状分别为倒三角形与槽形。桥面宽度为已知量,而桥面高度是搭桥经济效益好坏的主要影响因素,不仅影响剥离物料在垂直方向运输时增加的爬坡运输距离,而且影响建桥过程中的工程量以及搭桥回填量的二次剥离费用。

内排搭桥高度会影响卡车的运输距离与单侧剥离物料单环运输系统与双环运输系统所占的比例。内排搭桥使得桥面上部的单侧剥离物料由单环运输系统变为双环运输系统。随着搭桥高度的增加,卡车在通过桥面时上坡与下坡的路程会减少,总体运距减小,但是由于桥面高度较高,留沟上部水平的单侧剥离物料使用双环运输系统的比例降低,搭桥费用和二次剥离费用增加,从而导致整体的经济效益降低。相应地,搭桥高度越低,留沟水平上部的单侧剥离物料使用双环运输系统的比例越高,但是由于桥面距离地表高度较大,卡车下坡和爬坡过程中运距增加,不利于矿山的整体经济发展。

图 3-15 与图 3-16 为露天煤矿端帮内排搭桥的搭桥高度与桥面长度的示意图。

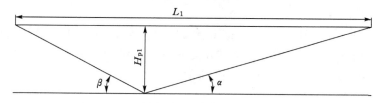

图 3-15　压帮内排倒三角留沟内排搭桥断面示意图

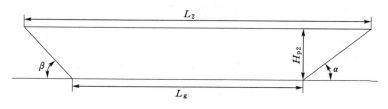

图 3-16　槽形留沟内排搭桥断面示意图

根据留沟高度取值及内排搭桥模型,确定两种留沟方式端帮与内排土场的搭桥高度分别为 H_{p1} 与 H_{p2}。

(3)内排搭桥长度

倒三角留沟内排方式中,沟底宽度为零,搭桥的桥面长度由搭桥的高度决定。压帮内排倒三角留沟内排搭桥长度为 L_1。

$$L_1 = H_{p1}(\cot \alpha + \cot \beta) \qquad (3\text{-}29)$$

式中　L_1——倒三角留沟内排搭桥长度,m;

　　　　H_{p1}——倒三角留沟内排搭桥高度,m。

与倒三角留沟内排方式不同,槽形留沟内排方式中,沟底宽度不为零,搭桥长度是由搭桥的高度与搭桥底部宽度共同决定的。压帮内排槽形留沟内排搭桥长度为 L_2。

$$\begin{cases} L_2 = H_{p2}(\cot \alpha + \cot \beta) + L_g \\ L_g = (H - h_2)(\cot \alpha + \cot \beta) \end{cases} \qquad (3\text{-}30)$$

式中　L_2——倒三角留沟内排搭桥长度,m;

　　　　H_{p2}——倒三角留沟内排搭桥高度,m;

　　　　L_g——槽形留沟沟底宽度,m。

(4)搭桥体积

不同留沟内排模式及高度,会影响桥体的二次剥离量及二次剥离物料的运输费用。对提出的倒三角留沟内排桥体体积与槽形留沟内排桥体体积进行分析,建立对应的数学模型公式。倒三角留沟内排搭桥体积平面示意图如图 3-17 所示,倒三角留沟内排搭桥的体积为 V_{p1}:

$$V_{p1} = \frac{2H_{p1}^3(\cot \alpha + \cot \beta)\cot \theta + 3H_{p1}^2(\cot \alpha + \cot \beta)B_d}{6} \qquad (3\text{-}31)$$

式中　V_{p1}——倒三角留沟内排搭桥体积,m³;

　　　　θ——桥坡面角,等于排土物料的自然安息角,取 $35°$。

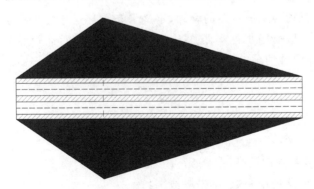

图 3-17　倒三角留沟内排搭桥体积平面示意图

同理,槽形留沟内排搭桥体积平面示意图如图 3-18 所示,槽形留沟内排搭

桥的体积为 V_{p2}：

$$V_{p2} = (B_d + H_{p2}\cot\theta)H_{p2}L_g + \frac{1}{2}B_dH_{p2}^2(\cot\alpha + \cot\beta) +$$

$$\frac{2}{3}H_{p2}^2(\cot\alpha + \cot\beta)\cot\theta \qquad (3-32)$$

式中　V_{p2}——槽形留沟内排搭桥体积，m^3；

　　　L_g——槽形留沟沟底长度，m。

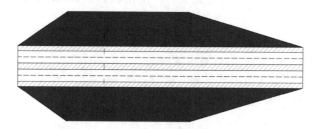

图 3-18　槽形留沟内排搭桥体积平面示意图

（5）当量单环运距

相邻采区开采时为了减少内排土场二次重复剥离量，在内排时应考虑留沟内排，在留沟部分搭建内排土桥，连通留沟端帮与内排土场。内排土桥桥面以上空间无连接，运输设备无法直接通过，可将排土分两种情况：一种为排土剥离物料不通过留沟一侧运输，只通过另一侧端帮干道排土；另一种为剥离物料通过留沟端帮、修筑临时坡道或端帮移动坑线下坡和爬坡的方式，由端帮内排土桥运送至内排土场，实现双环内排。

这两种情况均会造成运距的增加，定义卡车单环运输增加的运距等于留沟搭桥内排时上下坡所增加的运距加上桥移设步距产生的运距时为当量单环运距，来确定上述两种情况的分界线。

$$L_d = 2\frac{H(i)}{R}C_q + D \qquad (3-33)$$

式中　L_d——当量单环运距，m；

　　　$H(i)$——第 i 个台阶重心与桥面水平的高差，m；

　　　R——道路限制坡度，取 $8\% \sim 10\%$，本书取值 10%；

　　　C_q——道路展线系数，本书取值 1.1；

　　　D——搭桥移设步距，m。

（6）自卸卡车内排土场最小折返距离

内排搭桥使得单环运输系统转变为双环运输系统，但是由于剥离物料在排弃过程中需要不断上坡下坡,在端帮和内排土场之间不断折返来实现内排剥离物料的运输。其中,剥离物料在内排土场的运输距离较小,故一定程度上限制了内排搭桥服务的水平,其中自卸卡车在内排土场的最小折返距离为 L_p。

$$L_p = \frac{H(a)}{2R} C_q \qquad (3-34)$$

式中　L_p——内排土场最小折返距离,m;

　　　$H(a)$——桥体服务台阶最高处到桥面水平的高差,m;

　　　R——道路限制坡度;

　　　C_q——道路展线系数。

为确定合理的移设步距,提出移设步距确定准则:

准则 1:当量单环运距应不大于卡车单环运输增加的运距。

准则 2:搭桥节省的运输费用应不小于桥体重复剥离及运输费用。

3.3.2　倒三角留沟内排搭桥移设步距优化模型

根据准则 1,当量单环运距应不大于卡车单环运输增加的运距,以图 3-19 中 D 部分剥离物料的运距变化作为单侧剥离物料运输距离变化标准,有:

$$D_1 \leqslant L_m + \left(2H - \frac{5}{4}h_1\right)\cot\beta - \frac{1}{4}h_1\cot\alpha - 2\frac{H(i)}{R}C_q \qquad (3-35)$$

式中　D_1——倒三角留沟内排搭桥桥体移设步距,m。

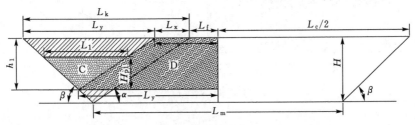

图 3-19　倒三角留沟模式内排搭桥断面示意图

根据准则 2,搭桥节省的运输费用应不小于搭桥重复剥离及运输费用,有:

$$\frac{V_{n1}B_1\left[\Delta L_{wD} - 2\frac{H(i)}{R}C_q - D_1\right]}{1\,000} \geqslant \frac{V_{p1}AL}{D_1} + \frac{V_{p1}B_2LL_{w1}}{1\,000D_1} \qquad (3-36)$$

式中　V_{n1}——内排搭桥服务的桥面水平上部以及下部剥离物料量,m³;

　　　V_{p1}——倒三角留沟内排搭桥体积,m³。

建立移设步距经济效益函数关系:

$$F(D_1) = \frac{V_{n1}B_2\left(\Delta L_{wD} - \dfrac{2H(i)}{R}C_q - D_1\right)}{1\,000} - \frac{V_{p1}(B_2LL_{w1} + 1\,000AL)}{1\,000D_1}$$

$$(3\text{-}37)$$

对式(3-37)求导,并令导数 $F'(D_1) = 0$ 得:

$$D_1 = \sqrt{\frac{V_{p1}(B_2LL_{w1} + 1\,000AL)}{V_{n1}B_1}}$$

$$(3\text{-}38)$$

依据 $D_1 > 0$ 及满足准则 1 的取值要求,结合 $F(D_1)$ 在区间 $(0, D_1)$ 和区间 $(D_1, +\infty)$ 的增减性,确定 D_1 为最佳移设步距。

3.3.3 槽形留沟内排搭桥移设步距优化模型

结合槽形留沟内排搭桥断面关系(图 3-20),根据准则 1,当量单环运距应不大于卡车单环运输增加的运距,以 F 部分剥离物料的运距变化作为单侧剥离物料运输距离变化标准,有:

$$D_2 \leqslant L_m + H\left(\frac{5}{4}\cot\beta - \frac{1}{2}\cot\alpha\right) - \frac{1}{2}h_2\cot\beta - 2\frac{H(i)}{R}C_q \quad (3\text{-}39)$$

式中 D_2——槽形留沟内排搭桥桥体移设步距,m。

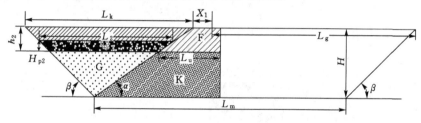

图 3-20　槽形留沟模式内排搭桥断面示意图

并根据准则 2,搭桥节省的运输费用应不小于搭桥重复剥离及运输费用,有:

$$\frac{V_{n2}B_1\left(\Delta L_{wF} - 2\dfrac{H(i)}{R}C_q - D_2\right)}{1\,000} \geqslant \frac{V_{p2}AL}{D_2} + \frac{V_{p2}B_2LL_{w1}}{1\,000D_2} \quad (3\text{-}40)$$

式中 V_{n2}——内排搭桥服务的桥面水平上部以及下部剥离物料量,m³;

V_{p2}——槽形留沟内排搭桥体积,m³。

得到移设步距经济效益函数关系:

$$F(D_2) = \frac{V_{n2}B_1\left(\Delta L_{wF} - \dfrac{2H(i)}{R}C_q - D_2\right)}{1\,000} - \frac{V_{p2}(B_2LL_{w1} + 1\,000AL)}{1\,000D_2}$$

$$\tag{3-41}$$

对式(3-41)求导,并令导数 $F'(D_2)=0$,得:

$$D_2 = \sqrt{\frac{V_{p2}(B_2LL_{w1} + 1\,000AL)}{V_{n2}B_1}}$$

$$\tag{3-42}$$

同理,确定 D_2 为最佳移设步距。

3.4　实例研究

3.4.1　实例1——河曲露天煤矿

(1) 问题提出

河曲露天煤矿首采区开采临近终了并转向进入二采区(图 3-21)。在首采区西端帮邻近二采区的位置预留深度达 150 m 的深沟。该沟的预留可以有效地减少首采区内排土场压帮对二采区开采的二次剥离影响,从而节省二次剥离成本。但会致使首采区的内排空间不能完全释放,增加首采区内排土场的负担以及剥离物料转排成本。因此,确定首采区与二采区间留沟模式与最佳留沟高度,对控制河曲露天煤矿开采成本具有重要意义。

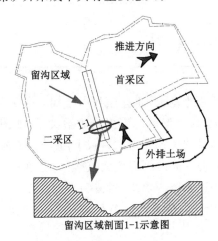

图 3-21　河曲露天煤矿首采区与二采区位置关系示意图

（2）留沟高度综合确定

根据上述留沟高度优化模型及矿山开采设计技术参数（表 3-1）可得：在平均开采深度 H 为 150 m 时，留沟高度的取值为（0，150 m）。当首采区转向至二采区时，若采用半压帮内排倒三角留沟模式开采，Y_1 在（0，62.5 m）上单调递减，在（62.5 m，150 m）上单调递增，综合考虑内排空间，留沟高度取值的最大值为 110 m；若采用半压帮内排槽形留沟模式开采，Y_2 在（0，104 m）上单调递增，在（104 m，150 m）上单调递减，综合考虑内排空间，留沟高度取值的最大值为 67 m。

表 3-1　河曲露天煤矿开采经济与技术参数

参数	单位	值
α	（°）	19
α_1	（°）	15
β	（°）	34
β_1	（°）	8
H	m	150
L_n	m	80
L_m	m	936
L	m	1 450
B_1	元/（m³·km）	2.5
B_2	元/（m³·km）	3.0
A	元/m³	2.9

以全压帮内排总费用为基准，建立压帮内排倒三角留沟与槽形留沟经济收益模型，确定倒三角留沟与槽形留沟模式总收益关系，如图 3-22 所示。倒三角留沟总费用随着留沟高度的增加先增大后减小，总收益先减小后增大；槽形留沟总费用随着留沟高度的增加先减小后增大，总收益先增大后减小。

采用半压帮内排倒三角留沟模式，当留沟高度为 110 m 时，经济效益最佳，为 4 580 万元；采用半压帮内排槽形留沟模式，当留沟高度为 67 m 时，经济效益最佳，为 22 400 万元。

（3）内排搭桥移设步距确定

根据露天煤矿开采经验，内排搭桥一般服务 2 个台阶，结合河曲露天煤矿的开采参数，台阶重心与桥面水平高差的平均值取 12 m。依据压帮内排经济效益

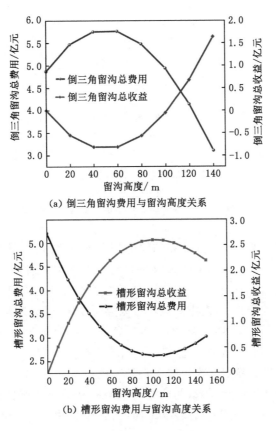

图 3-22　留沟费用与留沟高度关系曲线

函数关系,得到内排搭桥移设步距经济效益与移设步距的关系,如图 3-23 所示。

　　半压帮内排倒三角留沟模式的最佳留沟高度为 110 m,依据移设步距确定准则 1,移设步距需小于 756 m,依据准则 2 最佳的移设步距为 104 m,产生的经济效益为 5 500 万元;半压帮内排槽形留沟模式最佳留沟高度为 67 m,依据移设步距确定准则 1,移设步距需小于 585 m,依据准则 2 最佳的移设步距为 264 m,产生的经济效益为 2 140 万元。上述最佳移设步距均满足准则 1 的要求。

3.4.2　实例 2——霍林河一号露天煤矿

（1）问题的提出

霍林河一号露天煤矿南北长 10 km,东西宽 3.4 km,地表面积 34 km²,煤层

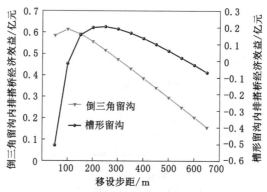

图 3-23　内排搭桥移设步距经济效益关系曲线

标高 432～864 m,煤层走向为北东-南西方向、倾向北西,煤层倾角不超过 10°。霍林河一号露天煤矿划分为南露天煤矿和北露天煤矿分别开采,其中南露天煤矿除划分为南区、北区和配采区三个已接近终了的采区外,矿田内剩余未开采区域被划分为南坑进行开采;南露天煤矿可采煤层 9 层,分别为 6#、8#、10#、11#、14#、17#、19#、21#、24#煤层,其中 10#、14#、17#、21#煤层为主要可采煤层;南露天煤矿剥离采用单斗-卡车工艺和单斗-卡车-半固定破碎站-带式输送机-排土机工艺。北露天煤矿除划分为目前正在开采的一采区、二采区、三采区外,剩余未开采区域划为北坑进行开采,北坑的开采程序为:北矿三采区向北横向推进与北矿一、二采区向南推进汇合后转纵采向西推进;北露天煤矿可采煤层 8 层,为 8#、10#、11#、14#、17#、19#、21#、24#煤层,其中 14#、19#、21#煤层为主要可采煤层;北露天煤矿剥离采用单斗-卡车工艺。

　　南露天煤矿现有包含东、南、西、西四及沿帮在内的 5 个外排土场和南、北两个内排土场。目前,5 个外排土场中的东、南、西、沿帮排土场均已完成排弃,西四排土场剩余排弃容量 7 500 万 m³,南内排土场及北内排土场容量分别为 70 722.7 万 m³、99 901.5 万 m³。北露天煤矿现有包含北矿外排土场及内排土场,其中内排土场容量为 2 597.5 万 m³、外排土场容量为 1 700.6 万 m³。

　　在两矿开采后期相邻采区转向及并行推进过程中会面临采区间相互影响的问题,主要体现为南坑与北坑间并行推进重复压帮及北矿三采区横采转纵采的采区转向。为解决这两类问题,分别提出两矿间内排压帮留沟及采区间缓帮留沟过渡模式,在图 3-24 中①所示的南北坑间及②所示的北矿三采区横采转纵采位置处留沟,分别对两个留沟高度进行优化。

　　(2)留沟高度综合确定

　　根据矿间及采区间留沟位置,确定矿间及采区间相关参数,见表 3-2。

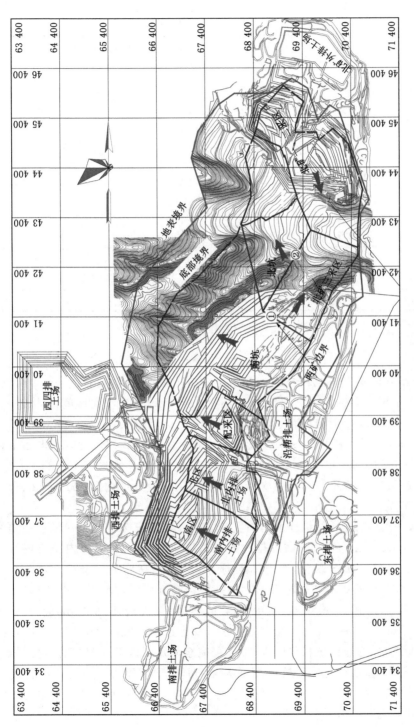

图3-24 矿内与采区间留沟位置平面图

表 3-2　矿间及采区间相关参数

参数	① 南北坑间	② 北矿三采区横采转纵采
α	25°	25°
β	20°	20°
H	258~350 m,平均 300 m	131~211 m,平均 155 m
a	160 m	100 m
A	13.23 元/m³	19.03 元/m³
B	10.35 元/m³	4.9 元/m³
l	1 250 m	1 150 m
γ_b	1.91 t/m³	1.91 t/m³
C	4.142 2 元/(t·km)	4.581 1 元/(t·km)
ρ	1.5%	1.5%
n	17 年	17 年
ΔQ	−109.38 万 m³	−43.51 万 m³

注:ρ—贴现率。

按照最佳留沟高度优化模型,确定经济效益与留沟高度函数的增减性:

① 南北坑间。当 $\Delta H \in (-\infty,-31.28 \text{ m}]$ 和 $\Delta H \in (225 \text{ m},+\infty)$ 时,Y_2 为减函数;当 $\Delta H \in (-31.28 \text{ m},225 \text{ m}]$ 时,Y_2 为增函数。在区间 $[0,350 \text{ m}]$ 内,当 $\Delta H = 225$ m 时,Y_2 有最大值。

② 北矿三采区横采转纵采位置为 −168.23 m 和 23.50 m。其中,当 $\Delta H \in (-\infty,-168.23 \text{ m}]$ 和 $\Delta H \in (23.50 \text{ m},+\infty)$ 时,Y_2 为减函数;当 $\Delta H \in (-168.23 \text{ m},23.50 \text{ m}]$ 时,Y_2 为增函数。在区间 $[0,211 \text{ m}]$ 内,当 $\Delta H = 23.50$ m 时,Y_2 有最大值。

由此确定,南北坑间最佳留沟高度为 225 m,北矿三采区横采转纵采最佳留沟高度为 23.50 m。同时考虑内排约束对留沟高度的影响,需将内排土场分别加高 140 m 和 120 m 以上,而内排土场的极限加高高度为 4 个排土台阶高度(96 m)左右,显然达不到留沟要求。根据留沟高度及留沟位置长度计算,确定南北坑间及北矿三采区横采转纵采位置留沟造成不可排弃量分别为 38 466 万 m³ 和 9 040 万 m³。因此,应综合考虑适当加大南、北内排土场高度,结合前期南区、北区闭坑腾出内排空间,可完全满足留沟部分增加的转排需要。通过计算可得,北矿三采区桥体高度为 48 m,桥面宽度为 35 m,桥面长度为 792 m,桥体积为 335.7 万 m³,桥移设步距为 535 m,单个桥体服务范围内运输费用可以降低 355 万元。

3.5 本章小结

（1）压帮内排倒三角留沟总费用随着留沟高度的增加先增大后减小，总收益先减小后增大；压帮内排槽形留沟总费用随着留沟高度的增加先减小后增大，总收益先增大后减小。

（2）倒三角留沟模式与槽形留沟模式端帮内排搭桥经济效益均随移设步距的增大呈先增大后减小的趋势。由于槽形留沟内排搭桥的桥体量大，其经济效益受移设步距的影响也较大。

（3）河曲露天煤矿倒三角留沟模式最佳留沟高度为 110 m，内排搭桥最佳移设步距为 104 m，相对全压帮内排节约 10 080 万元；槽形留沟模式最佳留沟高度为 67 m，内排搭桥最佳移设步距为 264 m，相对全压帮内排节约 24 540 万元。

（4）结合霍林河一号露天煤矿生产条件和采区接续间的实际情况进行内排留沟高度优化，分析结果表明南北坑间最佳留沟高度为 225 m，北矿三采区横采转纵采最佳留沟高度为 23.50 m，但受内排容量影响，应适当加大南、北内排土场高度，同时综合利用前期南区、北区闭坑腾出的内排空间，以实现留沟部分的转排需要。

4 平行采区(矿)间压帮内排模型及剥采规律

4.1 研究案例

在大型近水平及缓倾斜矿床露天开采时,受限于产量规模、开采强度、设备规格及使用经济性等因素,往往将其划分为几个独立的露天矿进行开采,如准格尔煤田、锡林浩特胜利煤田等。并且受产量规模、开采强度、设备规格及使用经济性等因素的限制,即使是单一露天矿,也会在技术可行和经济合理的前提下将其划分为若干采区进行分区开采。国内外多数开采大面积近水平及缓倾斜矿床的露天矿都采用分区开采。通常情况下,应从首采区开始,按照既定的开采顺序依次开采各采区,直至全矿开采结束。然而,既定的采区划分和开采顺序方案不是一成不变的,在实际生产中,需要根据开采过程揭露的矿床地质条件实况等因素进行修改和完善,以获得最佳经济效益。

在露天矿采区划分时,合理的采区长度与重复剥离次数、剥采比及直接生产成本等因素存在比较复杂的关系。采区宽度越大,每一采区工作线长度越长,采用单斗-卡车间断工艺时,汽车的运距会越大;采区宽度越小,需要分区的数量就越多,因此会面临采区内排时压帮高度的优化和采区转向后大量重复剥离的问题。不合理的采区划分,可能会将两平行采区间端帮下的煤量永久地埋在内排土场下,造成煤炭资源的浪费。

我国现有的几座大型露天煤矿,如安太堡露天煤矿、安家岭露天煤矿、黑岱沟露天煤矿、霍林河一号露天煤矿等,已经或即将结束首采区的开采,面临向下一采区转向方式的选择和转向期间开拓运输系统的综合优化等问题。虽然国内外露天煤矿在采区过渡方面已经有了较为丰富的经验,如我国平朔安太堡露天煤矿已完成两次采区转向,但是上述转向均属于直角转向,并没有涉及两平行采区间三角煤的回采工艺及开采参数的研究。同时,新建和待开发的大型露天煤矿在设计和生产过程中,也需要在现行开采采区实现内排时考虑下一采区开采重复剥离等经济指标,选择不同的压帮内排方式。优化采区间三角煤量与压帮重复剥离量之间的关系,对露天煤矿经济可持续发展有重大意义。

黑岱沟露天煤矿原设计生产能力为 1 200 万 t/a,1999 年 10 月通过国家验收,正式投入生产。2002 年神华集团对黑岱沟露天煤矿进行技术改造,生产能力扩大至 2 000 万 t/a。2011 年黑岱沟露天煤矿生产商品煤 3 050 万 t,完成扩能改造目标。2013 年黑岱沟露天煤矿生产原煤 3 264 万 t。2017 年黑岱沟露天煤矿完成首采区开采并转向进入二采区,二采区工作线呈南北方向布置,向东推进。

与黑岱沟露天煤矿毗邻的哈尔乌素露天煤矿,设计生产能力为 2 000 万 t/a。该矿自 2005 年 5 月开工建设,2008 年 5 月移交生产,2009 年达产,2011 年从拉沟区向东扩帮转向,2012 年商品煤产量达 3 300 万 t。目前已完成转向,工作线呈南北方向布置,向东推进。

由于两矿的相对位置关系的影响,黑岱沟露天煤矿在首采区转向后与哈尔乌素露天煤矿的采场、排土场存在交叉,交叉位置对两矿各自生产均带来较大影响,如图 4-1 所示。露天煤矿境界的特殊形状关系使得两矿交界处的煤炭资源形成特殊的开采问题,同时影响两矿排土空间、运输系统的综合布置,造成重复剥离等弊端。

图 4-1   两矿邻近端帮航拍

平行矿间资源是指相邻两露天煤矿采区平行推进时,由于各自采场端帮效应被压在两矿相邻采区间端帮下的煤炭资源,根据其形状特征,简称其为三角煤。三角煤不仅会出现在同一露天煤矿两采区间,也会出现在两相邻的不同露天煤矿之间。露天煤矿内排方式按照内排土场与采场边帮之间的关系可分成不压帮、半压帮和全压帮三种。由于需要留沟内排,旧采区一侧端帮将无法布置运输通道,导致双环运输变为单环运输。同时会增加卡车的内排运距(一般情况下双环运输变单环后增加的运距为 1/2 工作线长度),从而增加运输费用。因此在采区转向期间如何合理确定开拓运输系统布置方式、缩短卡车运距、提高经济效益也是研究的重点。同时,内排留沟会造成内排空间减少,因而需要通过加高内排土场或增加外排量来解决。加高内排土场需要增加剥离物运输的高程,运输成本高;增加外排量则需要增加征地费用。如何经济合理地利用露天煤矿采剥工程及内排土的发展时空关系也是开采三角煤时需要重点考虑的问题之一。

目前我国在采区过渡方面已经有了较为丰富的经验,但是在近水平露天煤矿两矿间及采区间三角煤开采工艺研究方面还属空白。以黑岱沟露天煤矿及哈尔乌素露天煤矿为研究对象,探索大型近水平露天煤矿三角煤开采工艺及开拓运输系统布置问题,对提高两矿的资源回收率及经济效益具有重要的实际意义和理论价值,也可为我国新建和待开发的大型露天煤矿在设计和生产时提供理论支持。

4.2　平行采区(矿)间资源耦合关系模型

4.2.1　平行采区(矿)间资源形成的境界要素

露天开采境界是指露天矿的开采范围,是限定露天矿资源赋存及作业位置的空间尺寸约束,主要由地表尺寸边界、坑底尺寸边界、开采深度以及由地表边界和坑底边界构成的终了帮构成。在任意三种因素确定的情况下即可圈定露天开采境界,通常主要由露天矿开采深度、底的周界(底的宽度及长度)和最终边坡角等要素决定。露天矿权界是从垂直资源向上圈定地表境界,由此确定的地表与坑底等界;而考虑露天开采的境界要有一定的最终边坡角,因此露天矿开采终了后在圈定境界处留有端帮资源无法采出,如图 4-2 所示。而同一煤田的相近境界的矿田同时开采,会造成端帮资源呆滞效应的叠加。

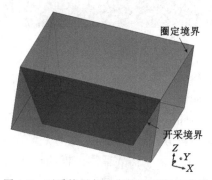

图 4-2　开采境界与圈定境界区别示意图

　　黑岱沟和哈尔乌素露天煤矿采矿权范围分别见表 4-1、表 4-2。两矿的地表境界和底部境界见图 4-3(扫描图中二维码获取彩图,下同)。

表 4-1　黑岱沟露天煤矿采矿权范围拐点坐标

拐点	Y/m	X/m	拐点	Y/m	X/m
1	37 524 600	4 405 260	20	37 519 410	4 401 760
2	37 525 540	4 404 460	21	37 518 470	4 402 480
3	37 526 660	4 404 035	22	37 518 680	4 402 840
4	37 527 000	4 403 530	23	37 519 660	4 403 930
5	37 527 040	4 403 365	24	37 520 290	4 404 780
6	37 527 500	4 403 420	25	37 520 430	4 405 070
7	37 528 250	4 403 425	26	37 520 590	4 405 290
8	37 528 250	4 402 990	27	37 520 750	4 405 420
9	37 528 440	4 402 030	28	37 520 920	4 405 460
10	37 528 490	4 400 500	29	37 521 040	4 405 630
11	37 528 665	4 399 585	30	37 521 300	4 405 850
12	37 528 635	4 398 950	31	37 521 590	4 406 000
13	37 527 560	4 398 710	32	37 521 750	4 406 140
14	37 526 795	4 398 570	33	37 521 980	4 406 260
15	37 522 070	4 399 830	34	37 522 630	4 406 770
16	37 520 750	4 400 500	35	37 522 850	4 406 920
17	37 519 930	4 401 270	36	37 523 300	4 406 440
18	37 519 870	4 401 440	37	37 523 560	4 406 250
19	37 519 510	4 401 740			

表 4-2　哈尔乌素露天煤矿采矿权范围拐点坐标

拐点	Y/m	X/m	拐点	Y/m	X/m
1	37 519 331	4 401 811.9	16	37 529 781	4 396 037.6
2	37 519 409	4 401 752.9	17	37 530 414	4 392 214.8
3	37 519 509	4 401 732.9	18	37 528 061	4 392 834.9
4	37 519 869	4 401 432.9	19	37 524 543	4 392 569.9
5	37 519 929	4 401 262.9	20	37 522 928	4 393 029.6
6	37 520 749	4 400 492.9	21	37 521 086	4 393 709.9

表 4-2(续)

拐点	Y/m	X/m	拐点	Y/m	X/m
7	37 522 069	4 399 822.9	22	37 521 090	4 394 023.7
8	37 526 794	4 398 562.9	23	37 521 066	4 397 698.1
9	37 527 559	4 398 702.9	24	37 520 810	4 397 702.5
10	37 527 877.7	4 398 773.8	25	37 519 667	4 398 832.5
11	37 527 862.1	4 397 227.8	26	37 519 667	4 399 121.5
12	37 529 217	4 397 296.9	27	37 519 377	4 399 118.8
13	37 529 500	4 396 895.9	28	37 517 142	4 401 322.4
14	37 529 500	4 396 492.9	29	37 518 123	4 402 366.2
15	37 529 778	4 396 492.9	30	37 518 470	4 402 472.9

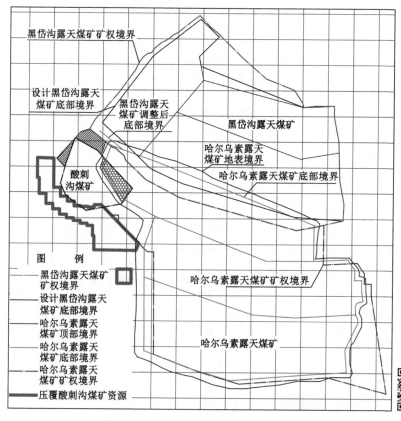

图 4-3 两矿矿权范围和底部境界示意图

哈尔乌素露天煤矿工作线超前于黑岱沟露天煤矿,两个矿坑采场错开的距离为1 km左右,黑岱沟露天煤矿二采区采场与哈尔乌素露天煤矿首采区北端帮及排土场交叉。由于两个矿坑距离较近,如果黑岱沟露天煤矿按照底部境界开采,哈尔乌素露天煤矿内排土场和一部分端帮会被黑岱沟露天煤矿采场采掉,影响双环内排。同时,黑岱沟露天煤矿与哈尔乌素露天煤矿矿坑交叉部分的采场和端帮也是不完整的,影响物料的运输。

从两矿三角煤的形成背景及成因来看,其主要问题可归结为:

① 近水平露天煤矿分区开采,重叠区前矿端帮内排压帮高度的优化与后矿重复剥离量的确定。

② 确定三角煤开采宽度,并确定三角煤回采量及剩余三角煤量。

③ 当两矿回采三角煤时,两矿采场之间有交叉,端帮被采断形成"喇叭口",相应的端帮运输通道的合理改造与补偿,即开拓运输系统的优化。

综上,相邻两矿平行采区同步推进条件下矿间资源回采的主要问题是哈尔乌素露天煤矿内排压帮量的大小和高度,黑岱沟露天煤矿工作帮最上部超越哈尔乌素露天煤矿内排土顶部时造成重叠部分以上两矿端帮运输道路中断,影响两矿剥离运输系统。

4.2.2 平行采区(矿)间资源构成基本特征

类似于并行两矿同时推进的开采程序,在两矿邻近的终了端帮间形成三角形区域的原岩实体,由于预先剥离矿坑的几何形状影响,这部分资源的剥采比急剧降低。从其构成特征来看,与相邻两矿的境界位置有直接关系。而露天煤矿境界具有底部境界、地表境界及采深三种主要影响因素,在境界划分时通常先确定其底部境界,再按照一定端帮边坡角向上确定地表境界。将同一块煤田划分为若干独立矿田时,也是以煤层分界作为底部境界再向上反演地表境界,这样两矿位置形状关系会使两矿间存在二次剥离问题,从而影响两矿邻近位置的资源回采。而当地表境界受征地范围等的影响时,可以从地表境界按照一定边坡角向下确定底部境界,在这种情况下,两相邻矿间位置存在一部分煤炭资源无法采出,而其剥采比较低、经济效益较好。此两种境界圈定方法是影响邻近矿田间资源回采的极限情况。

生产实际中黑岱沟与哈尔乌素两露天煤矿以底部境界向上圈定各自地表境界。鉴于两矿的开采现状及开采速度,哈尔乌素露天煤矿超前于黑岱沟露天煤矿,黑岱沟露天煤矿在回采这部分端帮下资源时需进行二次剥离。为降低二次剥离成本,宜对哈尔乌素露天煤矿内排土场留沟高度及宽度等因素进行优化。而当黑岱沟露天煤矿开采邻近矿间端帮下资源时,其端帮实际为哈尔乌素露天煤矿内排土场形成的松散压实端帮,端帮边坡角减小,回采资源宽度与留沟高度有密切关系。

若两矿在各自的地表境界内进行开采,则相邻的端帮处不存在压帮内排或留沟内排的情况,两矿按照各自的开采程序开采,互不干扰。但是,当两矿采场进行内排掩埋后,相邻端帮下会积压大量的煤炭资源。哈尔乌素露天煤矿首采区开采过后端帮被内排土场完全压覆,当黑岱沟露天煤矿转入二采区后,若按照地表境界开采,完全不重复剥离,在两矿之间地表境界沿各自端帮边坡延伸至坑底即形成类似于三角区域,而三角区域下部同样压覆大量的煤炭资源。从资源开采角度来看,这部分煤炭资源同样在露天煤矿矿权范围之内,如果得不到有效利用,就会成为"呆滞煤"。这部分三角煤不同于单坑露天煤矿的端帮煤,单坑露天煤矿端帮到界后即被压覆,无法依据露天煤矿开采程序和参数回采,而这种两矿间存在短暂时间差的情况下,可以依据两矿间的先后开采顺序对三角煤进行回采。

4.2.3 地质模型建立

根据地形地质图、5 煤顶板和底板等高线、6 煤顶板和底板等高线等资料,采用 3Dmine 软件建立地质模型。

① 两矿地表:由哈尔乌素露天煤矿地表和黑岱沟露天煤矿地表拼接而成,以哈尔乌素露天煤矿地表为主,黑岱沟露天煤矿地表作为补充。如图 4-4 所示,红色区域为哈尔乌素露天煤矿地表,蓝色区域为黑岱沟露天煤矿地表。

图 4-4 两矿三角煤区域地表

② 6 煤顶板:黑岱沟露天煤矿目前有完整的 6 煤顶板等高线图,而哈尔乌素露天煤矿只有分两期勘探的局部顶板等高线以及早期用于储量估算的精度较低但范围较广的顶板等高线。如图 4-5 所示,哈尔乌素露天煤矿首采区 6 煤顶板包括第一次勘探范围内顶板及第二次补勘范围内顶板。首采区末端用早期的精度较低的等高线补充。

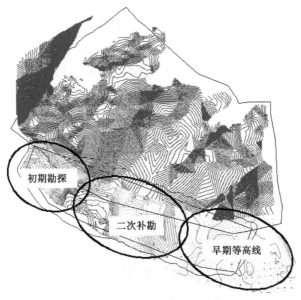

图 4-5　两矿 6 煤顶板等高线

③ 6 煤底板:底板的构成和顶板相同,黑岱沟露天煤矿一侧有完整的底板等高线,哈尔乌素露天煤矿采用两次勘探的底板等高线和早期的底板等高线(图4-6)。

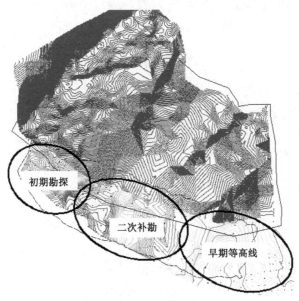

图 4-6　两矿 6 煤底板等高线

④ 5 煤顶板:黑岱沟露天煤矿一侧只有二采区补勘范围内的 5 煤顶板等高线,哈尔乌素露天煤矿一侧的 5 煤顶板等高线构成和 6 煤顶板类似,包括初期补勘范围内顶板等高线和二次补勘范围内顶板等高线,首采区其他范围内用早期的等高线补充(图 4-7)。

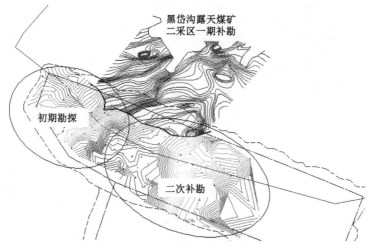

图 4-7 两矿 5 煤顶板等高线

⑤ 5 煤底板:黑岱沟露天煤矿一侧有二采区补勘范围内底板等高线(首采区内有一部分底板等高线,但是缺少顶板等高线,无法使用)。哈尔乌素露天煤矿一侧 5 煤底板构成与 5 煤顶板构成类似(图 4-8)。

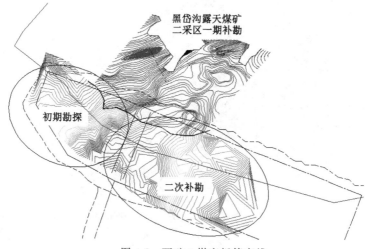

图 4-8 两矿 5 煤底板等高线

4.2.4 "极大三角煤"与"极小三角煤"

两矿以坑底境界在煤顶板的投影为分界线，按照设计边坡角从分界线向两侧延伸到煤层底板，此时的三角煤为"极小三角煤"，如图 4-9 所示；图 4-10 中以两矿地表境界为分界线，两侧边坡按照设计角度延伸至煤层底板，此时的三角煤为"极大三角煤"。在实际情况下，三角煤位于极大三角煤与极小三角煤之间，与两矿工作线长度及位置密切相关。

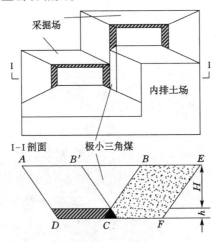

图 4-9　极小三角煤形成示意图

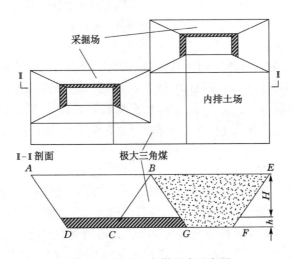

图 4-10　极大三角煤形成示意图

实际上,两矿间三角煤的回采问题,可等价为在极大三角煤与极小三角煤间的优化问题。由于哈尔乌素露天煤矿位置超前,可以将其境界视为固定的,考虑三角煤开采宽度即在两种境界圈定的范围内确定黑岱沟露天煤矿最佳的端帮边界。

(1) 极大三角煤

极大三角煤是指相邻两矿采用同一地表境界,境界两侧的两矿端帮下的煤炭资源量。目前黑岱沟和哈尔乌素露天煤矿采用同一底部境界,以该境界的垂直延伸面与地表相交得到交线。考虑端帮的连续性对该交线进行调整,调整后的交线作为两矿极大三角煤的地表分界线。以上述得到的地表境界为基础作出两侧端帮,如图 4-11 所示。

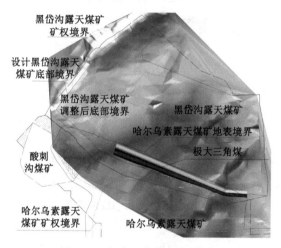

图 4-11　极大三角煤三维效果图

通过 3Dmine 软件计算端帮下资源量(极大三角煤):5 煤煤量为228.55 万 t,6 煤煤量为 12 410.85 万 t,剥离量为 15 846.45 万 m³,剥采比为1.25 m³/t。在算量区域内 5 煤顶底板缺失了一半左右,根据现有顶底板等高线区域的 5 煤煤量估算缺失部分 5 煤总量为 240 万 t 左右,约为 6 煤煤量的 2%,基本不影响总煤量算量结果。

(2) 极小三角煤

极小三角煤是指两矿相邻端帮交线位于 6 煤顶板,在该交线以下,两矿未采出的煤炭资源量。以黑岱沟露天煤矿二采区和哈尔乌素露天煤矿首采区的底部境界垂直延伸面与 6 煤顶板相交得到交线。考虑端帮的连续性对该交线进行调整,调整后的交线作为两矿极小三角煤的上部分界线。以上述得到的极小三角煤的上部分界线为基础作出两侧端帮,如图 4-12 所示。

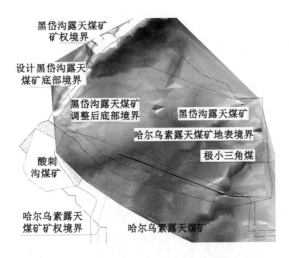

图 4-12　极小三角煤三维效果图

通过 3Dmine 软件计算极小三角煤煤量:6 煤煤量为 1 439.85 万 t。由计算结果可以看出,以极小三角煤的分界方式开采两矿,会损失煤炭 1 439.85 万 t。

本次算量采用 3Dmine 软件建立了两矿间三角煤区域的地质模型,按照极大三角煤和极小三角煤的定义确定了极大三角煤和极小三角煤的地表分界线,并在此基础上分别作出了极大三角煤和极小三角煤的端帮。通过 3Dmine 软件计算出极大三角煤和极小三角煤的资源量,见表 4-3。

表 4-3　两矿间三角煤资源量

项目	极大三角煤	极小三角煤
岩量/万 m³	15 846.45	
5 煤煤量/万 t	228.55	
6 煤煤量/万 t	12 410.85	1 439.85
剥采比/(m³/t)	1.25	

4.3　压帮内排开采方式

4.3.1　压帮内排开采影响关系

压帮内排开采方案将三角煤划归黑岱沟露天煤矿工作线内进行开采,三角煤的回采问题完全纳入黑岱沟露天煤矿。黑岱沟露天煤矿和哈尔乌素露天煤矿如果继续按照现行的开采方式进行生产作业，即如果哈尔乌素露天煤矿实行全压帮内排开采，黑岱沟露天煤矿首采区到界转入二采区后，滞后哈尔乌素露天煤矿工作线平行推进，此时回收两矿相邻端帮下所压的煤炭资源，黑岱沟露天煤矿将面临开采压帮与重复剥离的问题。

在近水平露天煤矿分区开采过程中，随前一采区开采结束及采空区内排会将下一采区边帮煤炭资源重新压覆，在采区转向过程中面临采区间相互接续交替的问题。当下一采区开采时又将一部分内排剥离物重复剥离，而由松散物料组成的内排土场的边坡角要小于原岩开挖边坡，这就会增大煤层开采时的二次剥离量和剥采比。因此，通常情况下，采区间相互交替主要考虑在前一采区适当位置留设一定宽度，以减少内排压帮量和下一采区开采时的二次剥离量。压帮内排通常在同一矿田的两相邻采区间转向过程中，无论采用全压帮、半压帮、全留沟哪种方式，在采区转向期间均存在重复剥离距压帮初期时间长的问题。而黑岱沟与哈尔乌素两矿间三角煤回采现状为，哈尔乌素露天煤矿超前黑岱沟露天煤矿3~4年，回采三角煤会面临一个问题，即哈尔乌素露天煤矿内排土场刚形成就被黑岱沟露天煤矿重新剥离。分析以独立回采三角煤，将其考虑进黑岱沟露天煤矿工作线长度，这里主要考虑留沟宽度及深度。

4.3.2 留沟内排开采方式

（1）端帮倒三角留沟

留沟部位位于相邻端帮与内排土场之间，从切面看为倒三角形，如图4-13所示。采用端帮倒三角留沟时，留沟部位以上部分内排土场二次剥离部分与实体工作线之间被沟阻断，在开采时，工作线被分为两部分，影响了开采的连续性及运输系统，增加了工艺的复杂性，设备工作效率也会降低。

（2）排土场倒三角留沟

为了避免开采工作线被分为两部分，留沟部位应选择在内排土场内，如图4-14所示。此时，黑岱沟露天煤矿开采二采区时，留沟部位以上的二次剥离台阶与黑岱沟露天煤矿二采区的剥离台阶相连接，工作线长度变长，剥离运距变大。但此时增加了哈尔乌素露天煤矿排土工艺的复杂度，当沟偏向一侧时如果运输汽车需过沟排弃作业困难，以沟为端帮环线运输分界则另一侧运距增大。

（3）端帮水平留沟

留沟部位位于二次剥离上部位置，沟底呈水平布置，整体呈槽形，如图4-15所示。留沟部分不需要进行二次剥离，只需要对沟部以下进行剥离，且剥离运输可实现双环内排。

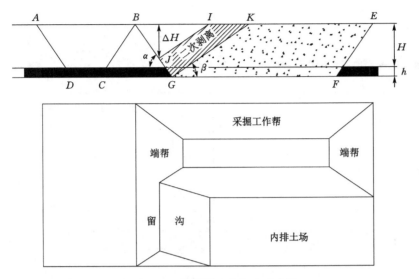

图 4-13　端帮倒三角留沟示意图

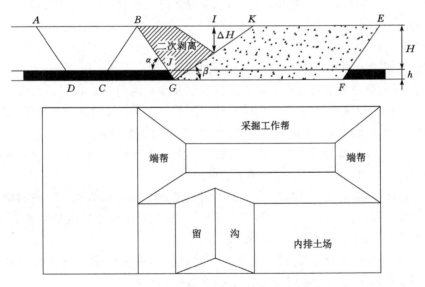

图 4-14　排土场倒三角留沟示意图

在哈尔乌素露天煤矿采用全压帮内排方式的条件下,回采三角煤过程中面临的主要问题是哈尔乌素露天煤矿内排土场的重复剥离。而依据内排土方式的不同,从另一角度考虑,若要避开重复剥离或减少重复剥离量,需要哈尔乌素露

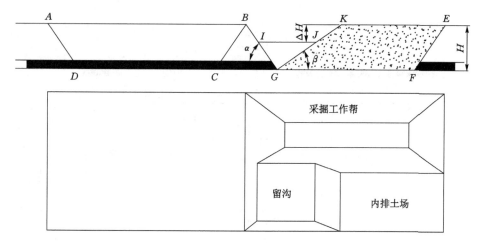

图 4-15　端帮水平留沟示意图

天煤矿内排时,在相邻的部位采取留沟内排。留沟内排可有效减少重复剥离量,但会引起部分剥离台阶只能单环运输,从而导致排土运费增加,同时内排容量减少会导致外排购地费用或内排土场高度增加。因此,需综合考虑上述因素,对留沟高度进行综合优化。

采用留沟内排时,需要考虑以下几个问题:

① 留沟使得哈尔乌素露天煤矿内排容量减少。目前哈尔乌素露天煤矿的内排容量已经很紧张,如果留沟内排需要增加外排量或加高内排土场高度,需要考虑增加外排土场购地费用,且外排运距远,剥离物运费增加。

② 哈尔乌素露天煤矿留沟端帮无法与内排土场相连,内排土需从双环内排变为单环内排,内排运距加大,剥离运费增加。

③ 黑岱沟露天煤矿开采二采区时,由于靠近哈尔乌素露天煤矿一侧的端帮没有台阶运输通道,失去了双环内排的条件,只能选择采用单环内排的方式,从而导致内排运距加大,剥离运费增加。

④ 由于在两矿间选择留沟,失去了一侧内排运输通道,则在两矿各自采区间就不能再留沟,否则将失去端帮运输联络通道。

以上三种留沟方式,端帮倒三角留沟切断了黑岱沟露天煤矿二采区工作线;内排土场倒三角留沟增加了排土工艺复杂性和运输连续性;相对两种三角留沟方式,相同面积的水平留沟高度要比三角留沟的明显偏小,从对上部运输系统的影响看自然比三角留沟的小。综上所述,端帮水平留沟是端帮留沟三种方式中影响最小的留沟方式。

4.4 平行采区(矿)间压帮内排剥采规律

4.4.1 全压帮内排平行采区间剥采规律

为了回收两矿间端帮下的压煤,黑岱沟露天煤矿需同时开采相邻实方端帮及哈尔乌素露天煤矿全压帮松方内排土。由于排土场边坡属于松散物质,稳定性系数较实方边坡小,在开采设计时需要减小边坡角以保障排土边坡稳定性。为保证开挖松散物料堆积形成边坡的稳定性,松散物料部分的边坡角要小于原岩边坡角,如图 4-16 所示。随着三角煤开采长度的增大,这种三角形特征的原岩体与槽形松散物料间的关系将不断变化,亦即边坡角逐渐变小,表现为三角煤的回采伴随哈尔乌素露天煤矿内排土场剥离物的二次剥离量不断增大。

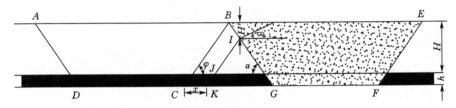

图 4-16 黑岱沟露天煤矿二采区开采示意图

如图 4-16 所示,回收 BCG 区域煤炭时,随着 IJK 逐渐向右移动,回收的煤炭资源将增多,相应的该部分境界剥采比也跟着变化。因此,需要研究分析该部分境界剥采比的变化情况,确定 IJK 在什么位置最为合理。

煤层顶板距地面高度为 H ,煤层厚度为 h ,压帮重复剥离高度为 H' ,三角煤部分煤层顶板宽度为 L ,哈尔乌素露天煤矿端帮边坡角为 α ,黑岱沟露天煤矿端帮边坡角为 φ ,煤层边坡角分别为 α_1 和 φ_1 ,压帮内排边坡稳定角为 β ,煤的密度为 γ ,煤炭采出率为 η ,则煤层底板宽度为 $L+h(\cot \varphi_1+\cot \alpha_1)$ 。设 x 为回收三角煤的宽度。

(1)首先考虑 $0<x\leqslant L$ 时的剥采比变化情况,即考虑两矿间整体极大三角煤部分,如图 4-16 所示。

从图中可看出 $\tan \alpha=\dfrac{2H'}{x}$,可得:

$$H'=\frac{1}{2}x\tan \alpha \tag{4-1}$$

实体岩石剥离切面面积为:

$$S_1 = \frac{1}{2} \times 2H \cot \alpha \cdot H - \frac{1}{2} \times 2(H - H') \cot \alpha \cdot (H - H')$$

$$= (2HH' - H'^2) \cot \alpha \tag{4-2}$$

将式(4-1)代入式(4-2),可得:

$$S_1 = Hx - \frac{1}{4}x^2 \tan \alpha \tag{4-3}$$

压帮内排重复剥离切面面积为:

$$S_2 = \frac{1}{2}H'^2 (\cot \alpha + \cot \beta) \tag{4-4}$$

将式(4-1)代入式(4-4),可得:

$$S_2 = \frac{1}{8}x^2 \tan^2 \alpha (\cot \alpha + \cot \beta)$$

$$= \frac{1}{8}x^2 \tan \alpha (1 + \tan \alpha \cot \beta) \tag{4-5}$$

则该切面的总剥离面积为:

$$S_剥 = S_1 + S_2$$

$$= Hx - \frac{1}{4}x^2 \tan \alpha + \frac{1}{8}x^2 \tan \alpha + \frac{1}{8}x^2 \tan^2 \alpha \cot \beta$$

$$= Hx + \frac{1}{8}x^2 \tan^2 \alpha (\cot \beta - \cot \alpha) \tag{4-6}$$

该切面的总采煤面积为:

$$S_采 = xh \tag{4-7}$$

将切面总剥离面积与采煤面积相除,可得:

$$n = \frac{S_剥}{S_采 \gamma \eta} = \frac{Hx + \frac{1}{8}x^2 \tan^2 \alpha (\cot \beta - \cot \alpha)}{xh\gamma\eta}$$

化简可得回采该部分煤炭的剥采比为:

$$n = \frac{1}{8h\gamma\eta}x \tan^2 \alpha (\cot \beta - \cot \alpha) + \frac{H}{h\gamma\eta} \tag{4-8}$$

由式(4-8)可以看出,在已知地质条件和边坡稳定角的情况下,H、h、α、β 都是已知的,所以,回收该部分资源的剥采比只与三角煤开采宽度有关,且为 x 的一次函数。

由于 $0 < \beta < \alpha < 90°$,$\cot \beta - \cot \alpha > 0$。对于剥采比函数,$x$ 的系数 $\tan^2 \alpha (\cot \beta - \cot \alpha)/(8h) > 0$,可知剥采比 n 是 x 的正比例函数,剥采比 n 随着开采宽度的变大而不断变大(图4-17)。

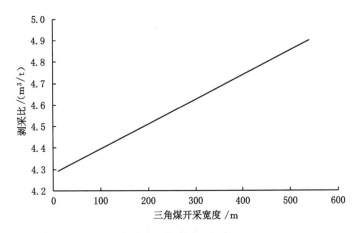

图 4-17　剥采比与三角煤开采宽度变化曲线示意图（$0 < x \leqslant L$）

剥采比与三角煤开采宽度呈正比关系,剥采比变化范围为 $4.29 \sim 4.90\ \text{m}^3/\text{t}$,而三角煤开采宽度的确定除考虑剥采比外,还应以经济效益最大化为目标。

（2）其次,考虑 $L < x \leqslant L + h(\cot \alpha_1 + \cot \varphi_1)$ 时的剥采比变化情况,即考查全部由煤组成的极小三角煤回采问题,其切面图如图 4-18 所示。

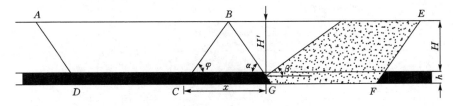

图 4-18　煤层底板部分回采剥采比示意图

从图 4-18 中可以看出,剥离物主要由两部分组成,分别包括煤层顶板以上三角状岩石与重复剥离内排物。其中实方剥离物切面面积为:

$$S_3 = \frac{1}{2}H(\cot \alpha + \cot \varphi)H = \frac{1}{2}H^2(\cot \alpha + \cot \varphi) \qquad (4\text{-}9)$$

重复剥离内排切面面积为:

$$S_4 = \frac{1}{2}H'(H'\cot \alpha + H'\cot \beta)$$

$$= \frac{1}{2}H'^2(\cot \alpha + \cot \beta)$$

$$= \frac{1}{8}x^2 \tan^2\alpha(\cot \alpha + \cot \beta) \qquad (4\text{-}10)$$

结合式(4-9)和式(4-10)，可得该切面的剥离总面积：

$$S_{剥} = \frac{1}{2}H^2(\cot\alpha + \cot\varphi) + \frac{1}{8}x^2\tan^2\alpha(\cot\alpha + \cot\beta) \tag{4-11}$$

该切面回采煤量总面积可看作梯形面积减去下部不可采煤量面积，可得：

$$S_{采} = \frac{1}{2}[2L + h(\cot\alpha_1 + \cot\varphi_1)]h - \frac{[L + h(\cot\alpha_1 + \cot\varphi_1) - x]^2}{2(\cot\alpha_1 + \cot\varphi_1)} \tag{4-12}$$

故可得回采该部分煤的剥采比：

$$
n = \frac{S_{剥}}{S_{采}\gamma\eta}
$$

$$
= \frac{\dfrac{1}{2}H^2(\cot\alpha + \cot\varphi) + \dfrac{1}{8}x^2\tan^2\alpha(\cot\alpha + \cot\beta)}{\left\{\left[L + \dfrac{1}{2}h(\cot\alpha_1 + \cot\varphi_1)\right]h - \dfrac{[L + h(\cot\alpha_1 + \cot\varphi_1) - x]^2}{2(\cot\alpha_1 + \cot\varphi_1)}\right\}\gamma\eta} \tag{4-13}
$$

综上所述，回收该部分资源的剥采比可用分段函数表示为：

$$
n = \begin{cases}
\dfrac{1}{8h\gamma\eta}x\tan^2\alpha(\cot\beta - \cot\alpha) + \dfrac{H}{h\gamma\eta} & (0 < x \leqslant L) \\[4mm]
\dfrac{\dfrac{1}{2}H^2(\cot\alpha + \cot\varphi) + \dfrac{1}{8}x^2\tan^2\alpha(\cot\alpha + \cot\beta)}{\left\{\left[L + \dfrac{1}{2}h(\cot\alpha_1 + \cot\varphi_1)\right]h - \dfrac{[L + h(\cot\alpha_1 + \cot\varphi_1) - x]^2}{2(\cot\alpha_1 + \cot\varphi_1)}\right\}\gamma\eta} & [L < x \leqslant L + h(\cot\alpha_1 + \cot\varphi_1)]
\end{cases} \tag{4-14}
$$

从图 4-19 中可以看出，当 $L < x \leqslant L + h(\cot\alpha_1 + \cot\varphi_1)$ 时，剥采比与三角煤开采宽度呈二次函数关系，随开采宽度的增加剥采比增大的趋势变大，开采小三角煤面临剥离量的急剧增大而小三角煤回采量降低的问题。图 4-20 为全压帮内排剥采比与三角煤开采宽度变化曲线示意图。

4.4.2 留沟内排条件下平行采区间剥采规律

鉴于矿间资源(以下简称"三角煤")回采过程中其上部实体岩石和松散岩石的比例在不断变化，三角煤开采宽度增大时其对应的剥采比也不断变大，式(4-14)是全压帮条件下三角煤开采宽度与剥采比关系公式，虽然留沟内排与全压帮内排在重复剥离量上有差距，但留沟内排条件下的剥采比变化趋势与其相似：当剥离岩石未达沟底左侧边缘时，剥采比不断减小；而当有二次剥离物时，剥采比随开采宽度的增大而增大。

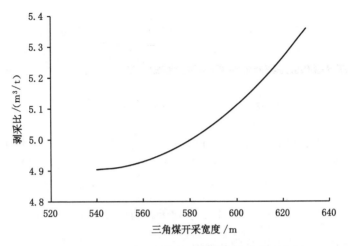

图 4-19　剥采比与三角煤开采宽度变化曲线示意图
$[L < x \leqslant L + h(\cot \alpha_1 + \cot \varphi_1)]$

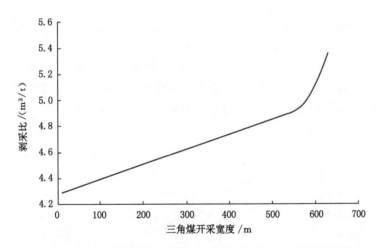

图 4-20　全压帮内排剥采比与三角煤开采宽度变化曲线示意图

如图 4-21 所示,煤层顶板距地面高度为 H,煤层厚度为 h,压帮重复剥离高度为 ΔH,三角煤部分煤层顶板宽度为 L,哈尔乌素露天煤矿端帮边坡角为 α,黑岱沟露天煤矿端帮边坡角为 φ,哈尔乌素露天煤矿和黑岱沟露天煤矿煤层端帮边坡角分别为 α_1 和 φ_1,压帮内排边坡稳定角为 β,煤的密度为 $\gamma(\text{t/m}^3)$,煤炭采出率为 η,则煤层底板宽度为 $L + h(\cot \varphi + \cot \alpha)$。设 x 为回收三角煤的宽度。

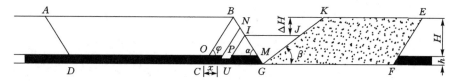

图 4-21　内排土场留沟计算示意图

在端帮水平留沟的情况下,剥采比变化分为三种条件,分别以图中 BG 线上 I 和 M 为分界点,其中 $BI = \Delta H / \sin \alpha$、$IM = (H - \Delta H) / \sin \alpha$、$MG = h / \sin \alpha$,对应底板点的相应位置 $CU = L - (H - \Delta H)(\cot \alpha + \cot \varphi)$。

(1) 当 $0 < x \leqslant \dfrac{\Delta H}{H} L$ 时,即未达到留沟沟底部位时

剥离物面积及总采煤面积分别为:

$$
\begin{cases}
S_{\text{剥}} = \dfrac{1}{2} LH - \dfrac{H(L-x)^2}{2L} = \dfrac{2HLx - Hx^2}{2L} \\
S_{\text{采}} = xh
\end{cases}
\tag{4-15}
$$

剥采比由剥离岩石面积与采煤量之比确定:

$$
n = \frac{S_{\text{剥}}}{S_{\text{采}} \gamma \eta} = \frac{2HL - Hx}{2Lh\gamma\eta} = \frac{H}{h\gamma\eta} - \frac{Hx}{2Lh\gamma\eta}
\tag{4-16}
$$

此时,剥采比与三角煤开采宽度之间呈线性递减关系(图 4-22),其原因是在此范围内开采剥离物特殊的三角形特征使剥离量逐渐减少。

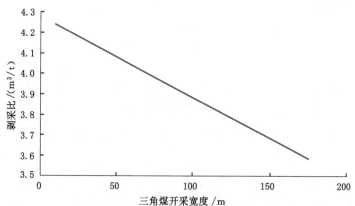

图 4-22　留沟内排条件下剥采比与三角煤开采宽度关系曲线(Ⅰ类)

(2) 当 $\dfrac{\Delta H}{H} L < x \leqslant L$ 时,即采至三角煤终了煤顶板时

剥离物面积由实体剥离面积和哈尔乌素露天煤矿内排土场二次剥离物面积

两部分组成,其中实体剥离面积与二次剥离物面积分别为:

$$\begin{cases} S_1 = \dfrac{1}{2}LH - \dfrac{H(L-x)^2}{2L} = \dfrac{2HLx - Hx^2}{2L} \\[3mm] S_2 = \dfrac{1}{2}\dfrac{\left(x - \dfrac{\Delta H}{H}L\right)^2 H^2 \sin(\alpha + \beta)}{L^2 \sin\alpha\sin\beta} \end{cases} \tag{4-17}$$

该部分总采煤面积为:

$$S_采 = xh \tag{4-18}$$

剥采比由剥离岩石总面积与采煤量之比确定:

$$n = \frac{2HL - Hx}{2hL\gamma\eta} + \frac{\left(x - \dfrac{\Delta H}{H}L\right)^2 H^2 \sin(\alpha + \beta)}{2xh\gamma\eta L^2 \sin\alpha\sin\beta} \tag{4-19}$$

此时剥采比与三角煤开采宽度关系曲线如图 4-23 所示。

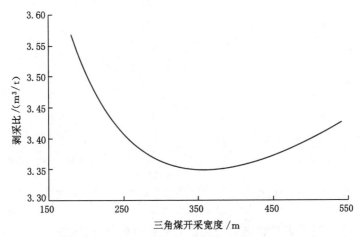

图 4-23 留沟内排条件下剥采比与三角煤开采宽度关系曲线(Ⅱ类)

(3) 当 $L < x \leqslant L + h(\cot\alpha_1 + \cot\varphi_1)$ 时,即考虑小三角煤的开采问题时

剥离物主要由两部分组成,分别包括煤层顶板以上三角状岩石与二次剥离内排物。此部分剥离物总面积为:

$$S_剥 = \frac{1}{2}LH + \frac{1}{2}\frac{\left(x - \dfrac{\Delta H}{H}L\right)^2 H^2 \sin(\alpha + \beta)}{L^2 \sin\alpha\sin\beta} \tag{4-20}$$

该切面回采煤量总面积可看作梯形面积减去下部不可采煤量面积,经过计算可得:

$$S_{采} = \frac{1}{2}\left[2L + h(\cot \alpha_1 + \cot \varphi_1)\right]h - \frac{\left[L + h(\cot \alpha_1 + \cot \varphi_1) - x\right]^2}{2(\cot \alpha_1 + \cot \varphi_1)} \quad (4\text{-}21)$$

故可得回采该部分煤的剥采比：

$$n = \frac{S_{剥}}{S_{采}\gamma\eta}$$

$$= \frac{LH + \dfrac{\left(x - \dfrac{\Delta H}{H}L\right)^2 H^2 \sin(\alpha + \beta)}{L^2 \sin \alpha \sin \beta}}{\left\{\left[2L + h(\cot \alpha_1 + \cot \varphi_1)\right]h - \dfrac{\left[L + h(\cot \alpha_1 + \cot \varphi_1) - x\right]^2}{(\cot \alpha_1 + \cot \varphi_1)}\right\}\gamma\eta}$$

$$(4\text{-}22)$$

此时剥采比与三角煤开采宽度关系曲线如图 4-24 所示。

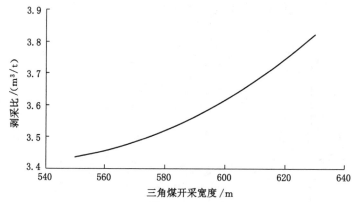

图 4-24　留沟内排条件下剥采比与三角煤开采宽度关系曲线（Ⅲ类）

综上所述，回收该部分资源的剥采比可用分段函数表示为：

$$n = \begin{cases} \dfrac{H}{h\gamma\eta} - \dfrac{Hx}{2Lh\gamma\eta} & 0 < x \leqslant \dfrac{\Delta H}{H}L \\[4mm] \dfrac{2HL - Hx}{2hL\gamma\eta} + \dfrac{\left(x - \dfrac{\Delta H}{H}L\right)^2 H^2 \sin(\alpha + \beta)}{2xh\gamma\eta L^2 \sin \alpha \sin \beta} & \dfrac{\Delta H}{H}L < x \leqslant L \\[4mm] \dfrac{LH + \dfrac{\left(x - \dfrac{\Delta H}{H}L\right)^2 H^2 \sin(\alpha + \beta)}{L^2 \sin \alpha \sin \beta}}{\left\{\left[2L + h(\cot \alpha_1 + \cot \varphi_1)\right]h - \dfrac{\left[L + h(\cot \alpha_1 + \cot \varphi_1) - x\right]^2}{(\cot \alpha_1 + \cot \varphi_1)}\right\}\gamma\eta} & L < x \leqslant L + h(\cot \alpha_1 + \cot \varphi_1) \end{cases}$$

$$(4\text{-}23)$$

通常情况下,在讨论露天采煤经济效益时都是基于剥采比及其变化趋势。因此,有这样一个共识:确定煤炭资源开采的剥采比并与经济合理剥采比进行对比,如小于经济合理剥采比,则在经济上可行,且剥采比越小经济效益越显著。由图 4-22、图 4-23、图 4-24 可以明显看出,以图 4-21 中 I 和 M 两分界点确定的三段剥采比,在达到 I 点(沟底与三角区交点)时,剥采比呈线性降低趋势,而当三角煤开采宽度超过 $\dfrac{\Delta H}{H}L$ 时,剥采比呈现逐步增大的变化趋势,尤其是当三角煤开采宽度超过三角煤顶板宽度时,剥采比急剧增大,此时在临近哈尔乌素露天煤矿处剩余小三角煤量,从其剖面图中可以看出开采一小块煤面临剥离物增加的趋势。

4.5　本章小结

(1)分析得出露天煤矿特定几何形状及相邻境界位置关系是影响平行采区(矿)间资源构成的基本要素,阐释了平行采区(矿)间资源开采的核心问题。

(2)依据黑岱沟露天煤矿和哈尔乌素露天煤矿地质及开采条件,构建了相邻矿间地质资源模型,结合境界特征提出了极大三角煤和极小三角煤概念,计算了相邻矿间极大三角煤和极小三角煤压覆工程量。

(3)分析了全压帮内排条件下剥采比变化规律,剥采比与三角煤开采宽度先呈正相关关系后呈二次函数关系,且随开采宽度的增加剥采比增大的趋势变大,开采小三角煤面临剥离量的急剧增大而小三角煤回采量降低的问题。

(4)确定了在留沟条件下剥采比随矿间资源开采宽度变化的分段函数表达式。揭示了在留沟高度影响下,随矿间资源开采宽度增加,剥采比呈线性降低、缓慢降低至逐步增大、急剧增大的变化趋势。

5 平行采区(矿)间协调推进内排留沟高度优化

5.1 平行采区(矿)间留沟高度优化模型

5.1.1 矿间资源全部采出时的内排留沟高度优化

内排留沟高度与三角煤开采宽度有关,而三角煤的回采由两种主要条件所决定:一是资源采出要求;二是经济效益。从图 4-15 所示剖面图中可以看出,$BIJK$ 为留沟部分,IGJ 为压帮二次剥离部分。

全压帮开采时二次剥离面积为:

$$S_{全压} = \frac{H^2}{2}(\cot \alpha + \cot \beta) \tag{5-1}$$

式中 $S_{全压}$——全压帮二次剥离面积,m^2;

　　　α——实方边坡最终边坡角,(°);

　　　β——二次剥离边坡最终边坡角,(°);

　　　H——露天矿开采深度,m。

留沟开采时二次剥离面积为:

$$S_{压} = \frac{(H - \Delta H)^2}{2}(\cot \alpha + \cot \beta) \tag{5-2}$$

式中 $S_{压}$——留沟二次剥离面积,m^2;

　　　ΔH——留沟高度,m。

留沟部分面积:　　　$S_{沟} = S_{全压} - S_{压}$

将式(5-1)式(5-2)代入上式,整理得:

$$S_{沟} = \left(H\Delta H - \frac{\Delta H^2}{2}\right)(\cot \alpha + \cot \beta) \tag{5-3}$$

式中 $S_{沟}$——留沟面积,m^2。

由于留沟,年二次剥离费用减少值为:

$$C_1 = S_沟 a A \tag{5-4}$$

式中　C_1——留沟年二次剥离费用减少值，元/a；

　　　a——露天矿年推进度，m/a；

　　　A——单位二次剥离费用，元/m³。

哈尔乌素露天煤矿留沟内排，沟底水平标高以下的岩石剥离台阶，可继续采用双环运输排土。沟底水平标高以上与黑岱沟露天煤矿相邻的端帮岩石剥离台阶，无法与内排土场相连，可以通过三种方式实现内排：① 单环运输排土；② 运输降至沟底以下水平经端帮至内排土场再排至相应水平；③ 留沟内排搭桥。

（1）单环运输排土

矿间资源全部采出条件下单环运输模式，与相邻采区顺序开采模式相似（模型构建同3.1.1节），内排留沟导致留沟部分物料的转排费用为：

$$C_2 = S_沟 a B_1 \tag{5-5}$$

式中　B_1——转排单位费用（与运距有关），元/m³。

单环运输造成的年费用增加值为：

$$C_3 = Q \Delta L \gamma_b C \tag{5-6}$$

式中　C_3——单环运输造成的年费用增加值，元；

　　　Q——剥离物料量，m³；

　　　γ_b——剥离物的平均密度，t/m³；

　　　C——卡车单位运费，元/(t·km)；

　　　ΔL——单环运距增加值，km。

同理，黑岱沟露天煤矿开采二采区时，沟部以上的工作台阶也需要单环内排，费用增加值为：

$$C_4 = Q' \Delta L' \gamma' C' \tag{5-7}$$

式中　$C_4, Q', \Delta L', \gamma', C'$——单环内排时黑岱沟露天煤矿对应的各项指标。

综上所述，留沟内排主要涉及四方面经济效益问题，分别为：留沟年二次剥离费用减少值 C_1，收益为正；留沟内排容量减小费用增加值 C_2，收益为负；哈尔乌素露天煤矿单环内排运输年费用增加值 C_3，收益为负；黑岱沟露天煤矿单环内排运输年费用增加值 C_4，收益为负。本书所涉及的三角煤处于两矿相邻的地带，因此，可近似令 $C_4 = C_3$。

由于两矿剥离及内排的发生存在时间差，在分析其经济效益时要充分考虑不同时间内的经济折现。哈尔乌素露天煤矿单环排土及处理内排容量减少费用发生在现在，而黑岱沟露天煤矿重复剥离和单环排土发生在 n 年以后，则在计算时应将时间统一，运用复利的计算方法，将 C_1 和 C_4 换算成现值进行计算。可得出总效益为：

$$J = C_1(1+\rho)^{-n} - C_2 - C_3 - C_4(1+\rho)^{-n} \tag{5-8}$$

式中　J——采用留沟内排方式回收三角煤的总效益,元;

　　　ρ——贴现率,%。

将式(5-3)至式(5-7)代入式(5-8),化简可得总效益 J 关于留沟高度 ΔH 的三次函数,即

$$J = I_1 \Delta H^3 + I_2 \Delta H^2 + I_3 \Delta H$$

$$\begin{cases} I_1 = -\left[\dfrac{a\gamma_b C}{2} + \dfrac{a\gamma_b C}{2}(1+\rho)^{-n}\right]\cot^2\beta \\[2mm] I_2 = -2(l - 2H\cot\beta)\left[\dfrac{a\gamma_b C}{2} + \dfrac{a\gamma_b C}{2}(1+\rho)^{-n}\right]\cot\beta - \\[2mm] \qquad \dfrac{1}{2}(\cot\alpha + \cot\beta)a\left[A(1+\rho)^{-n} - B\right] \\[2mm] I_3 = -\left[\dfrac{a\gamma_b C}{2} + \dfrac{a\gamma_b C}{2}(1+\rho)^{-n}\right](l - 2H\cot\beta)^2 + \\[2mm] \qquad H(\cot\alpha + \cot\beta)a\left[A(1+\rho)^{-n} - B\right] \end{cases} \tag{5-9}$$

(2) 运输降至沟底以下水平经端帮至内排土场再排至相应水平

内排留沟导致留沟部分物料的转排费用:

$$C_2' = S_{沟}aB_2 \tag{5-10}$$

式中　B_2——转排单位费用(与运距有关),元/m³。

物料从采掘工作帮下降至留沟水平,再经该水平运输平盘运送至内排土场,升至相应水平后进行排弃。因此,需将汽车的上下坡运距转换为平段运距进行计算,汽车上下坡时的受力分析如图 5-1 所示。

① 汽车平路运输

汽车平路运输时重载做功 W_1 和汽车平路运输空载回程做功 W_1' 分别为:

$$\begin{cases} W_1 = \mu(G_1 + G_2)S \\ W_1' = \mu G_1 S \end{cases} \tag{5-11}$$

式中　μ——路面摩擦系数;

　　　G_1——汽车自重;

　　　G_2——物料重力;

　　　S——平段运输距离,$S = \Delta H / \sin\theta$。

因此,汽车平路运输一趟总做功为:

$$W_{1s} = \mu(G_1 + G_2)S + \mu G_1 S \tag{5-12}$$

② 坡路运输

汽车先后经历采场重载下坡,排土场重载上坡及回程的排土场空载下坡,采

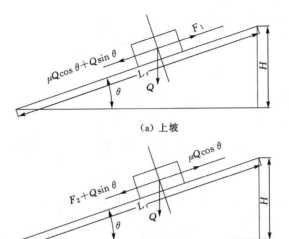

(a) 上坡

(b) 下坡

图 5-1 汽车上下坡时的受力分析示意图

场空载上坡。由于汽车下坡时不消耗燃油，即不做功，汽车重载上坡做功 W_2 和汽车空载上坡做功 W_2' 分别为：

$$\begin{cases} W_2 = \mu(G_1 + G_2)S + (G_1 + G_2)\Delta H \\ W_2' = \mu G_1 S + G_1 \Delta H \end{cases} \tag{5-13}$$

因此，汽车坡路运输一趟总做功为：

$$W_{2s} = \mu(G_1 + G_2)S + (G_1 + G_2)\Delta H + \mu G_1 S + G_1 \Delta H \tag{5-14}$$

根据式(5-11)和式(5-12)得坡路运输运距的换算系数：

$$R = 1 + \frac{\sin \theta}{\mu} \tag{5-15}$$

坡路运输增加运距为 $\Delta L' = \Delta H / \mu$，留沟增加的运输费用为：

$$C_3' = a\left[l + 2H\cot \alpha - \Delta H \cot \alpha\right]\frac{\Delta H^2}{2\mu}\gamma_b C \tag{5-16}$$

同理，黑岱沟露天煤矿开采下一采区时，增加的运输费用 $C_4' \approx C_3'$。

此情况下的经济效益与留沟高度优化模型为：

$$J = I_1 \Delta H^3 + I_2 \Delta H^2 + I_3 \Delta H$$

$$\begin{cases} I_1 = \dfrac{a \cot \alpha \gamma_b C}{2\mu}\left[1 + (1+\rho)^{-n}\right] \\[3mm] I_2 = -\dfrac{(\cot \alpha + \cot \beta)a\left[A(1+\rho)^{-n} - B_2\right]}{2} - \dfrac{\gamma_b Ca(l + 2H\cot \alpha)\left[1 + (1+\rho)^{-n}\right]}{2\mu} \\[3mm] I_3 = H(\cot \alpha + \cot \beta)a\left[A(1+\rho)^{-n} - B_2\right] \end{cases}$$

$$\tag{5-17}$$

（3）留沟内排搭桥

留沟内排导致留沟部分物料的转排费用：

$$C_2'' = S_沟 a B_2 - S_桥 \frac{a}{D} B_2 \tag{5-18}$$

式中　D——内排搭桥移设步距,m；

　　　B_2——转排单位费用（与运距有关）,元/m³。

运距增加值为留沟内排搭桥的移设步距,故留沟增加的运输费用为：

$$C_3'' = a[l + 2H \cot \alpha - \Delta H \cot \alpha] \frac{\Delta H}{2} D \gamma_b C \tag{5-19}$$

同理,黑岱沟露天煤矿开采下一采区时,增加的运输费用 $C_4'' \approx C_3''$。

增大桥体部分的二次剥离费用：

$$\begin{cases} C_5'' = S_桥 \dfrac{a}{D} A \\ S_桥 = \dfrac{1}{2}\left(2H - \dfrac{3\Delta H}{2}\right)(\cot \alpha + \cot \beta)\dfrac{\Delta H}{2}\left(e + \dfrac{\Delta H \cot \beta}{2}\right) \end{cases} \tag{5-20}$$

式中　e——内排搭桥宽度,m。

留沟内排搭桥情况下的经济效益与留沟高度优化模型为：

$$J = I_1 \Delta H^3 + I_2 \Delta H^2 + I_3 \Delta H$$

$$\begin{cases} I_1 = \dfrac{3\cot \beta}{16}\dfrac{a}{D}[A(1+\rho)^{-n} - B_2](\cot \alpha + \cot \beta) \\[2mm] I_2 = \left(\dfrac{3e}{8D} - \dfrac{H\cot \beta}{4D} - \dfrac{1}{2}\right)(\cot \alpha + \cot \beta)a[A(1+\rho)^{-n} - B_2] + \\[2mm] \qquad \dfrac{1}{2}\cot \alpha a D \gamma_b C[1 + (1+\rho)^{-n}] \\[2mm] I_3 = \left(-\dfrac{He}{2D} + H\right)(\cot \alpha + \cot \beta)a[A(1+\rho)^{-n} - B_2] - \\[2mm] \qquad \dfrac{1}{2}a[l + 2H\cot \alpha]D \gamma_b C[1 + (1+\rho)^{-n}] \end{cases}$$

$$\tag{5-21}$$

式(5-9)、式(5-17)、式(5-21)分别为不同运输方案对应的留沟高度优化模型,各模型形式相同,对其中 ΔH 求导,得：

$$\frac{dJ}{d(\Delta H)} = 3I_1 \Delta H^2 + 2I_2 \Delta H + I_3 \tag{5-22}$$

当判别式 $\Delta = 4I_2^2 - 12I_1 I_3 < 0$ 时,式(5-22)无实根,在 $\Delta H > 0$ 范围内,总效益 J 关于留沟高度 ΔH 的三次函数单调递增或递减,即全留沟或不留沟。

当判别式 $\Delta = 4I_2^2 - 12I_1I_3 \geqslant 0$ 时,可令 $\dfrac{\mathrm{d}J}{\mathrm{d}(\Delta H)} = 0$,即

$$3I_1\Delta H^2 + 2I_2\Delta H + I_3 = 0 \tag{5-23}$$

求解式(5-23),得方程两个根:

$$\Delta H = \frac{-2I_2 \pm \sqrt{4I_2^2 - 12I_1I_3}}{6I_1} \tag{5-24}$$

由此可以确定 $(-\infty, \Delta H_1)$、$[\Delta H_1, \Delta H_2)$ 和 $[\Delta H_2, +\infty)$ 三个区间的增减性,结合矿山采深实际情况限定的留沟高度的区间为 $[0, H]$。根据增减性确定区间 $[0, H]$ 的极值对应的横坐标即压帮内排最佳留沟高度。

5.1.2 基于经济效益最优的留沟高度优化模型

留沟内排回采三角煤的经济效益由以下六个方面构成:剥离费用(分别包含实体三角部分剥离费用和内排土场的二次剥离费用)、采煤成本、两矿运距增加费用、煤炭销售收入、留沟部分增加的外排费用、留沟部分减少的二次剥离费用。假定开采参数同 5.1.1 节,哈尔乌素露天煤矿推进度为 a_1,m;黑岱沟露天煤矿推进度为 a_2,m;坑底宽度为 l,m;实体岩石剥离成本为 m_1,元/m^3;单位采煤成本为 m_2,元/t;单位运费为 m_3,元/(t·km);煤炭售价为 m_4,元/t;原煤密度为 γ,t/m^3;剥离物平均密度为 γ_b,t/m^3;假设留沟部分增加的转排运距为 l'(与原运距比较的差值),m;二次剥离成本为 ξ,元/m^3。哈尔乌素露天煤矿与黑岱沟露天煤矿之间的剥离时间差为 $3\sim4$ 年,因此,仅考虑静态资金价值。

(1) 当 $0 < x_1 \leqslant \dfrac{\Delta H}{H}L$ 时

剥离费用:

$$C_1 = \frac{2HLx_1 - Hx_1^2}{2L}am_1 \tag{5-25}$$

采煤成本:

$$C_2 = x_1 h\gamma a\eta m_2 \tag{5-26}$$

两矿运距增加费用:

$$C_3 = 2Q\frac{[l - (2H - \Delta H)\cot\beta]}{1\,000}\gamma_b m_3 \tag{5-27}$$

煤炭销售收入:

$$C_4 = x_1 h\gamma a\eta m_4 \tag{5-28}$$

留沟部分增加的转排费用:

$$C_5 = \left(H\Delta H - \frac{\Delta H^2}{2}\right)(\cot\alpha + \cot\beta)a\frac{l'}{1\,000}m_3\gamma_b \tag{5-29}$$

留沟部分减少的二次剥离费用：

$$C_6 = \left(H\Delta H - \frac{\Delta H^2}{2} \right)(\cot\alpha + \cot\beta)a\xi \tag{5-30}$$

因此，总经济效益 B_1 可以表述为：

$$
\begin{aligned}
B_1 &= C_4 + C_6 - C_1 - C_2 - C_3 - C_5 \\
&= x_1\varepsilon m_c - (2Lx_1 - x_1^2)\mu m_1 - [l - (2H - \Delta H)\cot\beta]2\Delta Ha\gamma_b m_3' - \\
&\quad \left(H\Delta H - \frac{\Delta H^2}{2} \right)\delta\left(m_3' - \frac{\xi}{l'\gamma_b} \right)
\end{aligned}
\tag{5-31}
$$

其中，$\delta = (\cot\alpha + \cot\beta)al'\gamma_b$，$\varepsilon = h\gamma a\eta$，$m_c = m_4 - m_2$，$\mu = \dfrac{Ha}{2L}$，$m_3' = m_3/1\,000$。

在其他参数已知的情况下，总经济效益 B_1 与 x_1 有关，而开采宽度 $x_1 \leqslant \dfrac{\Delta H}{H}L$。假定 $\Delta H =$ 常数，求 B_1 对 x_1 的导数，可得：

$$\frac{\mathrm{d}B_1}{\mathrm{d}x_1} = 2\mu m_1 x_1 + (\varepsilon m_c - 2\mu m_1 L) > 0 \tag{5-32}$$

因此，随 x_1 的增大，经济效益呈增大趋势。当 $x_1 = \dfrac{\Delta H}{H}L$ 时，经济效益最大，式（5-31）可以转化为 B_1 关于 ΔH 的关系：

$$
\begin{aligned}
B_{1\max}\Big|_{x_1=\frac{\Delta H}{H}L} &= \left[\frac{\Delta H}{H}L\varepsilon m_c - \mu m_1\left(\frac{2\Delta HL^2}{H} - \frac{\Delta H^2 L^2}{H^2} \right) \right] + \left(H\Delta H - \frac{\Delta H^2}{2} \right)\delta\frac{\xi}{l'\gamma_b} - \\
&\quad \left\{ [l - (2H - \Delta H)\cot\beta]2\Delta Ha\gamma_b - \left(H\Delta H - \frac{\Delta H^2}{2} \right)\delta \right\}m_3'
\end{aligned}
\tag{5-33}
$$

对 $B_{1\max}$ 求关于 ΔH 的导数，可得：

$$
\begin{aligned}
\frac{\mathrm{d}B_{1\max}}{\mathrm{d}\Delta H} &= \frac{L\varepsilon m_c}{H} - \mu m_1\left(\frac{2L^2}{H} - \frac{2\Delta HL^2}{H^2} \right) - \{[l - (2H - \Delta H)\cot\beta]2a\gamma_b + \\
&\quad [2l\cot\beta - \cot^2\beta(4H - 2\Delta H)]a\Delta H\gamma_b - (H - \Delta H)\delta\}m_3' + \\
&\quad (H - \Delta H)\delta\frac{\xi}{l'\gamma_b}
\end{aligned}
\tag{5-34}
$$

令 $\dfrac{\mathrm{d}B_{1\max}}{\mathrm{d}\Delta H} = 0$，得经济效益最大时的 ΔH：

$$X_1\Delta H^2 + X_2\Delta H + X_3 = 0$$

$$\begin{cases} X_1 = -3\cot^2\beta a\gamma_b m'_3 \\ X_2 = \dfrac{2L^2\mu m_1}{H^2} - 4l\cot\beta a\gamma_b m'_3 + 8H\cot^2\beta a\gamma_b m'_3 - \delta m'_3 - \dfrac{\delta\xi}{l'\gamma_b} \\ X_3 = \dfrac{L\varepsilon m_c}{H} - \dfrac{2L^2\mu m_1}{H} - l^2 a\gamma_b m'_3 + 4Hl\cot\beta a\gamma_b m'_3 - \\ \qquad 4H^2\cot^2\beta a\gamma_b m'_3 + H\delta m'_3 + \dfrac{H\delta\xi}{l'\gamma_b} \end{cases} \tag{5-35}$$

可知，该方程两个极值点：

$$\Delta H = \frac{-X_2 \pm \sqrt{X_2^2 + 4X_1 X_3}}{2X_1} \tag{5-36}$$

根据实际情况，$0 \leqslant \Delta H \leqslant H$，所以，可根据式(5-36)中 ΔH 来确定压帮内排最佳留沟高度。

另外，采用留沟内排搭桥情况下减小的运费及增大桥体的二次剥离成本分别为：

$$\begin{cases} C'_3 = 2\dfrac{a[l-(2H-\Delta H)\cot\beta]\Delta H}{2}\dfrac{D}{1\,000}\gamma_b m_3 \\ C'_7 = \dfrac{1}{2}\left(2H - \dfrac{3\Delta H}{2}\right)(\cot\alpha + \cot\beta)\dfrac{\Delta H}{2}\left(e + \dfrac{\Delta H\cot\beta}{2}\right)\dfrac{a}{D}\xi \end{cases} \tag{5-37}$$

则经济效益模型为：

$$\begin{aligned} B_1 &= C_4 + (C_6 - C'_7) - C_1 - C_2 - C'_3 - C_5 \\ &= x_1\varepsilon m_c + \left(H\Delta H - \frac{\Delta H^2}{2}\right)(\delta - \pi) - (2Lx_1 - x_1^2)\mu m_1 - \\ &\quad [l - (2H - \Delta H)\cot\beta]\Delta H\partial - \\ &\quad \left(\frac{H\Delta H}{2} - \frac{3\Delta H^2}{8}\right)\left(e + \frac{\Delta H\cot\beta}{2}\right)\frac{\delta}{D} \end{aligned} \tag{5-38}$$

式中，$\varepsilon = h\gamma a\eta$，$m_c = m_4 - m_2$，$\delta = (\cot\alpha + \cot\beta)a\xi$，$\pi = (\cot\alpha + \cot\beta)a\dfrac{l'}{1\,000}m_3\gamma_b$，

$\partial = \dfrac{D}{1\,000}a\gamma_b m_3$，$\mu = \dfrac{Ha}{2L}$。

$$\begin{aligned} B_{1\max}\Big|_{x_1 = \frac{\Delta H}{H}L} &= \frac{\Delta H}{H}L\varepsilon m_c + \left(H\Delta H - \frac{\Delta H^2}{2}\right)(\delta - \pi) - \\ &\quad \mu m_1\left(\frac{2\Delta HL^2}{H} - \frac{\Delta H^2 L^2}{H^2}\right) - [l - (2H - \Delta H)\cot\beta]\Delta H\partial - \\ &\quad \left(\frac{H\Delta H}{2} - \frac{3\Delta H^2}{8}\right)\left(e + \frac{\Delta H\cot\beta}{2}\right)\frac{\delta}{D} \end{aligned} \tag{5-39}$$

$$\frac{\mathrm{d}B_{1\max}}{\mathrm{d}\Delta H} = \frac{L\varepsilon m_c}{H} + H(\delta - \pi) - \mu m_1\frac{2L^2}{H} - l\partial + 2H\partial\cot\beta - \frac{He}{2}\frac{\delta}{D} \tag{5-40}$$

令 $\dfrac{\mathrm{d}B_{1\max}}{\mathrm{d}\Delta H}=0$，得经济效益最大时的 ΔH：

$$X_1\Delta H^2+X_2\Delta H+X_3=0$$

$$
\begin{cases}
X_1=\dfrac{\cot\beta\Delta H^2}{16}\dfrac{\delta}{D}\\[3mm]
X_2=\dfrac{3e\Delta H}{4}\dfrac{\delta}{D}-\dfrac{H\cot\beta}{2}\dfrac{\delta}{D}\Delta H-2\partial\cot\beta\Delta H+\mu m_1\dfrac{2\Delta HL^2}{H^2}-(\delta-\pi)\Delta H\\[3mm]
X_3=\dfrac{L\varepsilon m_c}{H}+H(\delta-\pi)-\mu m_1\dfrac{2L^2}{H}-l\partial+2H\partial\cot\beta-\dfrac{He}{2}\dfrac{\delta}{D}
\end{cases}
$$

$$(5\text{-}41)$$

可知，该方程两个极值点：

$$\Delta H=\dfrac{-X_2\pm\sqrt{X_2^2+4X_1X_3}}{2X_1} \tag{5-42}$$

(2) 当 $\dfrac{\Delta H}{H}L<x_2\leqslant L$ 时

由实体剥离费用和二次剥离费用构成的剥离费用为：

$$C_1=\dfrac{2HLx_2-Hx_2^2}{2L}a_2m_1+\dfrac{1}{2}\dfrac{\left(x_2-\dfrac{\Delta H}{H}L\right)^2H^2\sin(\alpha+\beta)}{L^2\sin\alpha\sin\beta}a_2\xi \tag{5-43}$$

采煤成本：

$$C_2=x_2h\gamma a_2\eta m_2 \tag{5-44}$$

两矿运距增加费用：

$$C_3=2Q\dfrac{[l-(2H-\Delta H)\cot\beta]}{1\,000}\gamma_b m_3 \tag{5-45}$$

煤炭销售收入：

$$C_4=x_2h\gamma a_2\eta m_4 \tag{5-46}$$

留沟部分增加的转排费用：

$$C_5=\left(H\Delta H-\dfrac{\Delta H^2}{2}\right)(\cot\alpha+\cot\beta)a_1\dfrac{l'}{1\,000}m_3\gamma_b \tag{5-47}$$

留沟部分减少的二次剥离费用：

$$C_6=\left(H\Delta H-\dfrac{\Delta H^2}{2}\right)(\cot\alpha+\cot\beta)a_2\xi \tag{5-48}$$

总经济效益为：

$$B_2=x_2h\gamma a_2\eta(m_4-m_2)-\dfrac{2HLx_2-Hx_2^2}{2L}a_2m_1-$$

$$\frac{1}{2} \frac{\left(x_2 - \frac{\Delta H}{H}L\right)^2 H^2 \sin(\alpha+\beta)}{L^2 \sin\alpha \sin\beta} a_2 \xi -$$

$$\frac{[l-(2H-\Delta H)\cot\beta]^2}{1\ 000} a\Delta H\gamma_b m_3 -$$

$$\left(H\Delta H - \frac{\Delta H^2}{2}\right)(\cot\alpha + \cot\beta)a_1 \frac{l'}{1\ 000} m_3 \gamma_b +$$

$$\left(H\Delta H - \frac{\Delta H^2}{2}\right)(\cot\alpha + \cot\beta)a_2 \xi$$

$$= x_2\varepsilon - \mu(2Lx_2 - x_2^2) - (x_2-L)^2\sigma\frac{H^2}{L^2} -$$

$$[l-(2H-\Delta H)\cot\beta]^2 \chi\Delta H -$$

$$\left(H\Delta H - \frac{\Delta H^2}{2}\right)\lambda + \left(H\Delta H - \frac{\Delta H^2}{2}\right)\kappa \tag{5-49}$$

其中，$\sigma = \frac{1}{2}\frac{\sin(\alpha+\beta)}{\sin\alpha\sin\beta}a_2\xi$，$\mu = \frac{Ha_2m_1}{2L}$，$m_c = m_4 - m_2$，$\varepsilon = h\gamma a_2\eta m_c$，$\lambda = (\cot\alpha + \cot\beta)a_1\frac{l'}{1\ 000}m_3\gamma_b$，$\kappa = (\cot\alpha + \cot\beta)a_2\xi$，$\chi = \frac{\gamma_b m_3}{1\ 000}\left(\frac{a_1+a_2}{2}\right)$。

由式(5-49)和式(5-38)的构成可以看出，B_2 比 B_1 多一项哈尔乌素露天煤矿排土场的二次剥离费用，从图 4-23 中剥采比变化曲线可以看出，经济效益先显著增大，而后随剥采比的增大呈降低趋势。B_2 是 x_2 与 ΔH 的函数，同样假定 $\Delta H =$ 常数的情况下，考虑 B_2 与 x_2 之间的变化关系，求 B_2 对 x_2 的导数，可得：

$$\frac{\mathrm{d}B_2}{\mathrm{d}x_2} = \varepsilon - 2\mu L + 2\mu x_2 - 2\sigma\frac{H^2}{L^2}\left(x_2 - \frac{\Delta H}{H}L\right)$$

$$= \left(2\mu - 2\sigma\frac{H^2}{L^2}\right)x_2 + \left(\varepsilon - 2\mu L + 2\sigma\frac{H^2}{L^2}\frac{\Delta H}{H}L\right) \tag{5-50}$$

由于式(5-50)中各符号数值未知，无法确定导函数的增减或大小。参考两矿实际情况并预测相关参数：$l' = 2\ 200$ m，$l = 2\ 000$ m，$\alpha = \varphi = 38°$，$\beta = 18°$，$a_1 = 384$ m，$a_2 = 350$ m，$\gamma_b = 2.6$ t/m³，$\gamma = 1.5$ t/m³，$m_1 = 6$ 元/m³，$m_2 = 23$ 元/t，$m_3 = 1.2$ 元/(t·km)，$m_4 = 151$ 元/t，$\xi = 4.36$ 元/m³，$\eta = 98\%$，$H = 152$ m（采深 185 m），$h = 33$ m，$L = 540$ m。以上述参数来确定导函数和原函数的相关特性，如图 5-2 所示。

通过计算得到：

$$\frac{\mathrm{d}B_2}{\mathrm{d}x_2} = -856.49x_2 + 1\ 198\ 500 + 7\ 808.9\Delta H \tag{5-51}$$

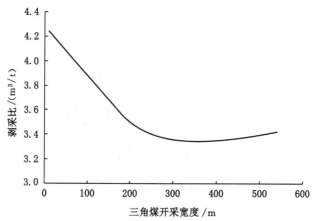

图 5-2　留沟内排条件下剥采比与三角煤开采宽度关系曲线

在 $\dfrac{\Delta H}{H}L < x_2 \leqslant L$ 和 $0 < \Delta H \leqslant H$ 范围内，$\dfrac{\mathrm{d}B_2}{\mathrm{d}x_2} \gg 0$，即原函数 B_2 为增函数，当三角煤开采宽度 $x_2 = L$ 时，经济效益最大：

$$B_{2\max}\Big|_{x_2=L} = L\varepsilon - \mu L^2 - (H-\Delta H)^2\sigma - [l-(2H-\Delta H)\cot\beta]^2\chi\Delta H - \left(H\Delta H - \frac{\Delta H^2}{2}\right)\lambda + \left(H\Delta H - \frac{\Delta H^2}{2}\right)\kappa \tag{5-52}$$

对 $B_{2\max}$ 求关于 ΔH 的导数，可得：

$$\frac{\mathrm{d}B_{2\max}}{\mathrm{d}\Delta H} = 2(H-\Delta H)\sigma - l^2\chi + 4lH\cot\beta\chi - 4l\Delta H\cot\beta\chi - 4H^2\cot^2\beta\chi + 8H\Delta H\cot^2\beta\chi - 3\Delta H^2\cot^2\beta\chi - (H-\Delta H)\lambda + (H-\Delta H)\kappa \tag{5-53}$$

对式（5-53）进行化简，并假定：

$$Y_1 = -3\cot^2\beta\chi$$

$$Y_2 = -(2\sigma + 4l\cot\beta\chi - 8H\cot^2\beta\chi - \lambda + \kappa)$$

$$Y_3 = 2H\sigma - l^2\chi + 4lH\cot\beta\chi - 4H^2\cot^2\beta\chi - H\lambda + H\kappa$$

令 $\dfrac{\mathrm{d}B_{2\max}}{\mathrm{d}\Delta H} = 0$，得经济效益最大时的 ΔH：

$$Y_1\Delta H^2 + Y_2\Delta H + Y_3 = 0 \tag{5-54}$$

可知，该方程两个极值点：

$$\Delta H = \frac{-Y_2 \pm \sqrt{Y_2^2 - 4Y_1Y_3}}{2Y_1} \tag{5-55}$$

根据实际情况，$0 \leqslant \Delta H \leqslant H$，所以，可根据式(5-55)中的 ΔH 来确定压帮内排最佳留沟高度。

另外，对留沟造成的端帮运输其他方案进行校正，采用留沟内排搭桥情况下减小的运费及增大桥体的二次剥离成本分别为：

$$
\begin{cases}
C_3'' = 2\,\dfrac{a\,[l - (2H - \Delta H)\cot\beta]\,\Delta H}{2}\,\dfrac{D}{1\,000}\gamma_{\mathrm{b}}m_3 \\[2mm]
C_7'' = \dfrac{1}{2}\left(2H - \dfrac{3\Delta H}{2}\right)(\cot\alpha + \cot\beta)\,\dfrac{\Delta H}{2}\left(e + \dfrac{\Delta H\cot\beta}{2}\right)\dfrac{a}{D}\xi
\end{cases}
\tag{5-56}
$$

则经济效益模型为：

$$
B_2 = x_2 h\gamma a_2\eta m_{\mathrm{c}} - \frac{2HLx_2 - Hx_2^2}{2L}a_2m_1 -
$$

$$
\frac{1}{2}\frac{\left(x_2 - \dfrac{\Delta H}{H}L\right)^2 H^2\sin(\alpha + \beta)}{L^2\sin\alpha\sin\beta}a_2\xi +
$$

$$
\left(H\Delta H - \frac{\Delta H^2}{2}\right)(\cot\alpha + \cot\beta)a_2\xi -
$$

$$
a[l - (2H - \Delta H)\cot\beta]\Delta H\,\frac{D}{1\,000}\gamma_{\mathrm{b}}m_3 -
$$

$$
\left(H\Delta H - \frac{\Delta H^2}{2}\right)(\cot\alpha + \cot\beta)a_1\,\frac{l'}{1\,000}m_3\gamma_{\mathrm{b}} -
$$

$$
\frac{a}{D}\xi\left(\frac{H\Delta H}{2} - \frac{3\Delta H^2}{8}\right)(\cot\alpha + \cot\beta)\left(\lambda + \frac{\Delta H\cot\beta}{2}\right)
\tag{5-57}
$$

同理，当 $x_2 = L$ 时，经济效益最大：

$$
\frac{\mathrm{d}B_{2\max}}{\mathrm{d}\Delta H} = 2(H - \Delta H)\sigma - (H - \Delta H)\lambda + (H - \Delta H)\kappa -
$$

$$
l\chi D + 2H\chi D\cot\beta - 2\cot\beta\chi D\Delta H -
$$

$$
\frac{\kappa}{D}\left[\frac{He}{2} + \left(\frac{H\cot\beta}{2} - \frac{3e}{4}\right)\Delta H - \frac{\Delta H^2\cot\beta}{16}\right]
\tag{5-58}
$$

得经济效益最大时的 ΔH：

$$
Y_1\Delta H^2 + Y_2\Delta H + Y_3 = 0
$$

$$
\begin{cases}
Y_1 = -\dfrac{\cot\beta}{16}\dfrac{\kappa}{D} \\[3mm]
Y_2 = -2\sigma + \lambda - \kappa - 2\cot\beta\chi D - \dfrac{\kappa}{D}\left(\dfrac{H\cot\beta}{2} - \dfrac{3e}{4}\right) \\[3mm]
Y_3 = 2H\sigma - H\lambda + H\kappa - l\chi D + 2H\chi D\cot\beta - \dfrac{\kappa}{D}\dfrac{He}{2}
\end{cases}
\tag{5-59}
$$

可知,该方程两个极值点:

$$\Delta H = \frac{-Y_2 \pm \sqrt{Y_2^2 - 4Y_1 Y_3}}{2Y_1} \tag{5-60}$$

根据实际情况,$0 \leqslant \Delta H \leqslant H$,所以,可根据式(5-60)中的 ΔH 来确定压帮内排最佳留沟高度。

(3) 当 $L < x_3 \leqslant L + h(\cot \alpha_1 + \cot \varphi_1)$ 时

根据前面分析,经济效益随三角煤开采宽度的增加而增大,即当开采宽度 $x_2 = L$ 时经济效益最大。显然,当开采三角煤的剥采比小于经济合理剥采比时,其经济效益依然呈增大趋势。极小三角煤量占三角煤总量的比例较低,对整体的压帮留沟高度影响较小。为简化计算,分析极小三角煤的境界剥采比以优化极小三角煤开采宽度($\Delta x = x_3 - L$)。

极小三角煤开采的境界剥采比:

$$n_s = \frac{[\Delta x + H(\cot \alpha_1 + \cot \varphi_1)]\sin \varphi_1}{\gamma \sin \beta [h(\cot \alpha_1 + \cot \varphi_1) - \Delta x]} \tag{5-61}$$

极小三角煤开采的经济合理剥采比:

$$n_j = \frac{m_4 - m_2}{\xi} \tag{5-62}$$

当 $n_s = n_j$ 时三角煤开采的经济效益最大,有:

$$\Delta x = \frac{(m_4 - m_2)\sin \beta \gamma h(\cot \alpha_1 + \cot \varphi_1) - H\xi \sin \varphi(\cot \alpha_1 + \cot \varphi_1)}{\xi \sin \varphi_1 + (m_4 - m_2)\gamma \sin \beta} \tag{5-63}$$

内排留沟的两个目标分别为三角煤全部采出和经济效益最大化。从以上分析中可以看出,留沟内排高度由三角煤开采宽度 x 确定,为使经济效益达到最高,极小三角煤应再开采 Δx 宽度。

5.2 平行采区(矿)推进内排留沟高度与极小三角煤开采宽度确定

5.2.1 内排留沟高度的确定

经济效益随三角煤开采宽度的增加而增大,即当开采宽度为 L 时经济效益最大。显然,当开采三角煤的剥采比小于经济合理剥采比时,其经济效益依然呈增大趋势。极小三角煤量占三角煤总量的比例较低,对整体的压帮留沟高度影响较小。式(5-64)给出了留沟高度的计算公式:

$$\Delta H = \frac{-Y_2 \pm \sqrt{Y_2^2 - 4Y_1 Y_3}}{2Y_1} \tag{5-64}$$

其中单环运输:

$$\begin{cases} Y_1 = -3\cot^2\beta\chi \\ Y_2 = -(2\sigma + 4l\cot\beta\chi - 8H\cot^2\beta\chi - \lambda + \kappa) \\ Y_3 = 2H\sigma - l^2\chi + 4lH\cot\beta\chi - 4H^2\cot^2\beta\chi - H\lambda + H\kappa \end{cases}$$

内排搭桥修正公式:

$$\begin{cases} Y_1 = -\dfrac{\cot\beta}{16}\dfrac{\kappa}{D} \\ Y_2 = -2\sigma + \lambda - \kappa - 2\cot\beta\chi D - \dfrac{\kappa}{D}\left(\dfrac{H\cot\beta}{2} - \dfrac{3e}{4}\right) \\ Y_3 = 2H\sigma - H\lambda + H\kappa - l\chi D + 2H\chi D\cot\beta - \dfrac{\kappa}{D}\dfrac{He}{2} \end{cases}$$

且 $\sigma = \dfrac{1}{2}\dfrac{\sin(\alpha+\beta)}{\sin\alpha\sin\beta}a_2\xi, \mu = \dfrac{Ha_2 m_1}{2L}, m_c = m_4 - m_2, \varepsilon = h\gamma a_2\eta m_c,$

$\lambda = (\cot\alpha + \cot\beta)a_1\dfrac{l'}{1\,000}m_3\gamma_b, \kappa = (\cot\alpha + \cot\beta)a_2\xi, \chi = \dfrac{\gamma_b m_3}{1\,000}\left(\dfrac{a_1+a_2}{2}\right)$。

根据矿山实际穿爆成本(2.02 元/m³)、采装成本(1.31 元/m³)、运输成本 [1.86 元/(m³·km)]、排弃成本(0.92 元/m³),按照剥离运距 3.3 km,估计原岩和二次剥离的成本分别为 10.39 元/m³ 和 8.37 元/m³。结合相关数据及预测值: $l'=2\,200$ m, $l=2\,000$ m, $\alpha = \varphi = 38°$, $\beta = 18°$, $a_1 = 384$ m, $a_2 = 350$ m, $\gamma_b = 2.6$ t/m³, $\gamma = 1.5$ t/m³, $m_1 = 10.39$ 元/m³, $m_2 = 22$ 元/t, $m_3 = 0.72$ 元/(t·km), $m_4 = 151$ 元/t, $\xi = 8.37$ 元/m³, $\eta = 98\%$, $H = 152$ m(采深 185 m), $h = 33$ m, $L = 540$ m。经计算, $\Delta H_{1\max} = 71.2$ m。

而根据修正的留沟内排搭桥模型,留沟高度与内排搭桥移设步距有函数关系,两者之间密切相关。将留沟内排搭桥时的转排运距降低一半,修正的留沟高度与内排搭桥移设步距的关系见图 5-3。随内排搭桥移设步距的增大,留沟高度也逐步增大,当移设步距超过 300 m 后,留沟高度增大的幅度逐渐降低并趋于 $\Delta H_{2\max} = 97$ m。

现阶段哈尔乌素露天煤矿北端帮形态如图 5-4 所示,煤层底板标高为 980 m,依据单环运输模型确定的最大留沟高度为 71 m,最佳压帮高度应不低于 1094 水平,按照哈尔乌素露天煤矿北端帮现有运输水平,最佳压帮位置最低应保持在 1100 水平;而修正的留沟内排搭桥模型计算的最大留沟高度为 97 m,最

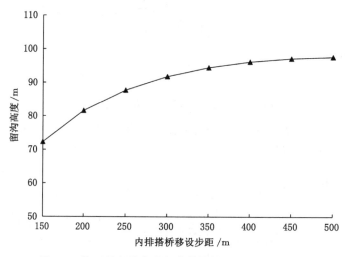

图 5-3　修正的留沟高度与内排搭桥移设步距的关系

图 5-4　哈尔乌素露天煤矿北端帮形态

佳压帮高度应不低于 1068 水平,按照哈尔乌素露天煤矿北端帮现有运输水平,压帮位置最低应保持在 1070 水平以上。综合考虑桥高度、形态及服务水平,桥高度过高则桥体下部宽度及占沟体比例过大,对留沟及二次剥离影响较大。因此,内排压帮高度定为 1100 水平为宜。

由于地表地形与煤层赋存的变化,采深并不是固定不变的,此处在计算过程中采用的采深为 185 m。基于此,分析采深变化对留沟高度的影响,获得的相关关系见图 5-5。从图 5-5 中可以看出,随采深的增大,留沟高度也表现出增大的趋势,其中留沟高度与采深的比值也随着采深的增大而增大。

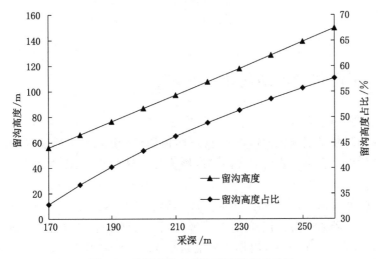

图 5-5　采深变化与留沟高度的相关关系

5.2.2　极小三角煤开采宽度的确定

两矿端帮到界后的煤层坡面角为 75°,极小三角煤底部长度为 17.68 m。根据式(5-62)计算极小三角煤的极限开采宽度,判定极小三角煤开采经济可行的境界剥采比受采深影响较大。图 5-6 给出了不同采深条件下满足境界剥采比等于经济合理剥采比的极小三角煤开采宽度,即此时能保证开采三角煤的经济效益均为正且达到最大,当极小三角煤的开采宽度超过该值时,经济效益出现负值。从图 5-6 中可以看出,随着采深的增大,影响极小三角煤开采的经济剥采比增大,其经济可行的开采宽度逐步减小。因此,在采深为 185 m 时,最佳极小三角煤开采宽度为 5.88 m。

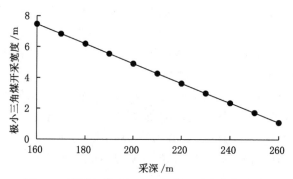

图 5-6 采深变化对极小三角煤开采宽度的影响

5.3 端帮桥移设步距优化

留沟方式为端帮水平留沟,压帮水平在 1100 水平(留沟高度为 65 m)。由于留沟内排阻断了端帮运输通道的连续性,留沟内排搭桥可以保证双环运输,避免留沟部位以上剥离台阶由双环内排线路变为单环内排,从而造成剥离物运费增加和内排空间的降低。

为了降低剥离物单环运距,可采用剥离物在沟内构筑排土桥作为采场剥离物去往内排土场的通道。因压帮至 1100 水平,故该水平的物料可以继续通过 1100 水平运输至内排土场,内排土桥应搭至 1130 水平,服务 1130 水平的物料运输,内排土桥高度为 20～30 m。留沟内排桥体示意图如图 5-7 所示。

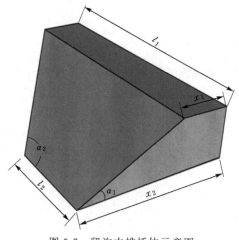

图 5-7 留沟内排桥体示意图

沟顶宽度（桥体上部长度）：$l_1 = (H + h - \Delta H/2)(\cot \alpha + \cot \beta)$。

沟底宽度（桥体下部长度）：$l_2 = (H + h - \Delta H)(\cot \alpha + \cot \beta)$。

桥体年服务剥离量为：

$$Q = \frac{a[l - (2H - \Delta H)\cot \beta]\Delta H}{2} \tag{5-65}$$

留沟内排搭桥与单环运输相比节省的费用为：

$$C_1 = \frac{Q(\Delta L - 2D)\gamma_b C}{1\,000} \tag{5-66}$$

式中　C_1——单环运输造成的年费用增加值，元；

　　　γ_b——剥离物的平均密度，t/m^3；

　　　C——卡车单位运费，元/（t·km）。

搭桥会导致沟体的转排量减少，且会增大后期桥的二次剥离费用：

$$C_2 = S_桥 \frac{l'}{1\,000} C\gamma_b \frac{a}{D} \tag{5-67}$$

$$C_3 = S_桥 \, \xi \, \frac{a}{D} \tag{5-68}$$

$$S_桥 = \frac{1}{2}\left(2H - \frac{3\Delta H}{2}\right)(\cot \alpha + \cot \beta)\frac{\Delta H}{2}\left(e + \frac{\Delta H \cot \beta}{2}\right)$$

式中　C_2——节省的转排费用，元；

　　　C_3——增加的桥体二次剥离费用，元；

　　　$S_桥$——桥体体积，m^3；

　　　l'——沟内单位剥离物转排运距，m；

　　　ξ——剥离物二次剥离费用，元/m^3；

　　　a——露天矿年推进度，m；

　　　e——桥面宽度，m；

　　　D——内排土桥移设步距，m。

为简化计算，不考虑资金时间价值，仅从静态角度考虑，建立无约束非线性优化模型：

$$\max C_s = \frac{Q(\Delta L - 2D)\gamma_b C}{1\,000} + S_桥 \frac{a}{D}\left(\frac{l'}{1\,000}C\gamma_b - \xi\right) \tag{5-69}$$

对 C_s 求关于 D 的导数，则：

$$\frac{\mathrm{d}C_s}{\mathrm{d}D} = -\frac{2Q\gamma_b C}{1\,000} - \frac{S_桥 a\left(\dfrac{l'}{1\,000}C\gamma_b - \xi\right)}{D^2} \tag{5-70}$$

令 $\dfrac{\mathrm{d}C_s}{\mathrm{d}D} = 0$，则有：

$$D=\sqrt{\frac{1\ 000 S_{桥}a\left(\xi-\dfrac{l'}{1\ 000}C\gamma_b\right)}{2Q\gamma_b C}} \tag{5-71}$$

经计算，$D=279.37$ m，即留沟内排土桥移设步距为 279 m。

5.4 本章小结

（1）以压帮内排全部采出矿间资源为目标，综合考虑单环运输排土、运输降至沟底以下水平经端帮至内排土场再排至相应水平、留沟内排搭桥三种不同运输方式的影响，构建了使总效益最佳的内排留沟高度优化模型。

（2）以矿间资源回采经济效益最优为目标，构建了剥采比随开采宽度及留沟高度变化的分段函数模型，确定了最佳开采宽度及留沟高度优化模型。

（3）结合黑岱沟与哈尔乌素露天煤矿实际生产参数，通过计算确定单环内排时的留沟高度为 71.2 m，而在留沟内排搭桥条件下的留沟高度随移设步距增大而逐步增大，当移设步距超过 300 m 后，留沟高度增大的幅度逐渐减小并趋于 97 m。

（4）研究表明矿间资源开采经济效益达到最大值时的极小三角煤开采宽度随采深增大而减小，采深为 185 m 时最佳极小三角煤开采宽度为5.88 m。

（5）建立了基于最小成本费用法的内排土桥移设步距优化模型，并计算得出内排土桥移设步距为 279 m。

6　结　　论

多矿田、多采区划分是大型露天煤田开采的主要模式,在露天矿坑几何形状及矿间采区发展顺序影响下,衍生出一系列的剥采关系不均衡导致的经济效益降低现象。以相邻采区位置关系为背景,围绕顺序接续及平行采区同向推进过程中的压帮内排留沟问题展开研究,具体得到以下结论:

(1) 分析了采区接续过渡的几种方式,并以相邻直角采区为例构建了扇形转向过渡基本模型,建立了扇形转向过渡期间剥采比分段函数表达式,确定了剥采比随转向角的变化规律。

(2) 提出了槽形水平留沟的半压帮模式,构建了基于最小成本费用的留沟高度优化数学模型,提出了内排搭桥以减少留沟对运输系统影响,构建了搭桥移设步距优化模型。结合霍林河一号露天煤矿生产条件和采区接续间的实际情况进行内排留沟高度优化,确定南北坑间最佳留沟高度为 225 m,北矿三采区横采转纵采最佳留沟高度为 23.50 m,但受内排容量影响,应适当加大南、北内排土场高度,同时综合利用前期南、北区闭坑腾出的内排空间,以实现留沟部分的转排需要。

(3) 分析得出露天煤矿特定几何形状及相邻境界位置关系是影响平行采区(矿)间资源构成的基本要素,阐释了平行采区(矿)间资源开采的核心问题。构建了相邻矿间地质资源模型,结合境界特征提出了极大三角煤和极小三角煤概念,计算了相邻矿极大三角煤和极小三角煤压覆工程量。

(4) 分析了全压帮内排条件下剥采比变化规律,剥采比与三角煤开采宽度先呈正相关关系后呈二次函数关系,且随开采宽度的增加剥采比增大的趋势变大,开采极小三角煤面临剥离量的急剧增大而极小三角煤回采量降低的问题。

(5) 确定了在留沟条件下剥采比随矿间资源开采宽度变化的分段函数表达式。揭示了在留沟高度影响下,随矿间资源开采宽度增加,剥采比呈线性降低、缓慢降低至逐步增大、急剧增大的变化趋势。

(6) 以压帮内排全部采出矿间资源和矿间资源回采经济效益最优为目标,分别构建了相应的内排留沟高度优化模型。确定哈尔乌素露天煤矿留沟压帮至 1100 运输水平,极小三角煤开采宽度为 5.88 m;并提出留沟条件下内排搭桥对运输系统进行优化,确定移设步距为 279 m。

参 考 文 献

[1] 田会,白润才,赵浩.中国露天采矿的成就及发展趋势[J].露天采矿技术, 2019,34(1):1-9.

[2] 姬长生.我国露天煤矿开采工艺发展状况综述[J].采矿与安全工程学报, 2008,25(3):297-300.

[3] 孙健东,张瑞新,贾宏军,等.我国露天煤矿智能化发展现状及重点问题分析[J].煤炭工程,2020,52(11):16-22.

[4] 王东,李广贺,曹兰柱,等.基于内排空间利用最大化的露天煤矿排土线布置方法[J].煤炭学报,2020,45(9):3150-3156.

[5] RAMANI R V.Surface mining technology:progress and prospects[J]. Procedia engineering,2012,46:9-21.

[6] 曹博,陶亚彬,白润才,等.倾斜煤层窄长露天矿分区开采分期境界优化[J].重庆大学学报:自然科学版,2019,42(4):101-110.

[7] HUANG J Y,HU B A,TAN X J,et al.Concept and practice of open-pit mining area restoration and reuse:taking an open-pit coal mining area in Datong, Shanxi as an example [J]. E3S web of conferences, 2020, 145(12):02014.

[8] 白润才,郭伟强,刘光伟,等.露天矿相邻采区间先压帮后留沟内排方式研究[J].露天采矿技术,2020,35(6):16-20.

[9] 姬长生.露天煤矿相邻条区间转向方式研究[J].煤炭工程,2011(12): 1-3,7.

[10] 肖双双,黄甫,李克民,等.露天矿内排长远规划模型及其求解方法[J].煤炭学报, 2018,43(4):951-958.

[11] TYULENEV M A,GVOZDKOVA T N,ZHIRONKIN S A,et al.Justification of open pit mining technology for flat coal strata processing in relation to the stratigraphic positioning rate[J].Geotechnical and geological engineering,2017, 35(1):203-212.

[12] HUMMEL M.Comparison of existing open coal mining methods in

some countries over the world and in Europe[J]. Journal of mining science,2012,48(1):146-153.

[13] 马力,王恒荣,罗科,等.分区内排露天煤矿压帮留沟模式及参数优化[J].煤炭学报,2024,49(4):1834-1844.

[14] 才庆祥,姬长生.大型露天煤矿采区转向方式研究[J].中国矿业大学学报,1996,25(4):45-49.

[15] POROS M,SOBCZYK W.Reclamation modes of the post-mining terrains in the Checiny-Kielce area in the context of its use in an active geological education[J].Rocznik ochrona rodowiska,2014,16(1):386-403.

[16] 常治国,李克民,陈亚军,等.露天矿采区直角转向缓帮留沟深度研究[J].煤炭工程,2014,46(7):88-90.

[17] 顾正洪,李曙光,张幼蒂.近水平矿床留帮扩采方式的研究[J].中国矿业大学学报,1995,24(2):59-63.

[18] 刘桐.霍林河一号露天矿采区划分及过渡优化研究[D].徐州:中国矿业大学,2016.

[19] 刘光伟,李鹏,李成盛,等.露天矿相邻采区间内排压帮高度及重复剥离深度的综合优化[J].重庆大学学报,2015,38(6):23-30.

[20] 李海斌,黄大军,包暑光.倾斜煤层露天矿采区划分与内排约束分析[J].露天采矿技术,2014(12):50-52.

[21] 崔宏伟,陈再明,王利明,等.平朔东露天矿采区转向方法研究[J].露天采矿技术,2020,35(3):92-94.

[22] 宋子岭,王肇东,范军富.露天煤矿采区转向接续期间剥采工程优化[J].科技导报,2013,31(9):50-54.

[23] 刘光伟,李成盛,于渊.露天煤矿采区接续方案[J].科技导报,2014,32(1):59-64.

[24] 王肇东.露天煤矿采区接续工程位置确定及转向方式研究[J].煤炭科学技术,2015,43(8):34-39.

[25] 张维世.拉斗铲倒堆工艺露天煤矿采区转向关键技术研究[D].徐州:中国矿业大学,2013.

[26] MA L,LI K M,DING X H,et al.Transition method of perpendicular mining districts in surface coal mine based on combined mining technology[J].The electronic journal of geotechnical engineering,2013,18:5085-5093.

[27] 王韶辉,才庆祥,周伟,等.新疆天池能源南露天煤矿转向方式优化研究

[J].煤炭工程,2019,51(5):60-64.

[28]　孙健东,白玉奇,张峰玮,等.有关露天矿采区转向方案评价的研究[J].煤矿安全,2013,44(7):229-232.

[29]　陈彦龙,才庆祥,周伟,等.基于层次分析法的露天矿采区转向方式研究[J].金属矿山,2010(1):51-53,179.

[30]　查振高,李克民,马力,等.基于Delphi-TOPSIS法的露天矿采区接续方案优选[J].中国煤炭,2016,42(9):31-35.

[31]　STOJANOVIC C,BOGDANOVIC D,UROSEVIC S.Selection of the optimal technology for surface mining by multi-criteria analysis[J].Kuwait journal of science,2015,42(3):170-190.

[32]　白润才,白文政,刘光伟,等.露天矿采区划分TOPSIS决策方法及应用[J].辽宁工程技术大学学报(自然科学版),2017,36(12):1240-1245.

[33]　周伟,才庆祥,李玉鹏,等.大型近水平露天煤矿内排压帮高度研究[J].煤炭科学技术,2009,37(1):53-55.

[34]　赵红泽,张瑞新,刘云,等.改进模糊层次分析法的露天矿开采程序优化[J].辽宁工程技术大学学报(自然科学版),2014,33(2):145-151.

[35]　赵彦合,刘维玉,陈杰,等.平朔东露天矿相邻采区重复剥离采深优化[J].露天采矿技术,2012(增刊):59-60.

[36]　赵俊,尚涛,刘记鹏,等.近水平露天矿内排重复剥离量及留沟深度[J].金属矿山,2012(2):54-56.

[37]　TYULENEV M,MARKOV S,CEHLAR M,et al.The model of direct dumping technology implementation for open pit coal mining by high benches[J].Acta montanistica slovaca,2018,23(4):368-377.

[38]　CHESKIDOV V I,FREIDINA Y V,VASILYEV Y I.Open-pit mining of a series of slightly inclined coal seams with temporary internal piling[J].Journal of mining science,1999,35(2):190-198.

[39]　SAKANTSEV G G,CHESKIDOV V I.Application range of internal dumping in opencast mining of steep mineral deposits[J].Journal of mining science,2014,50(3):501-507.

[40]　赵博深.露天矿群开发设计理论与工程优化研究[D].北京:中国矿业大学(北京),2015.

[41]　张志,刘闯,薛应东,等.相邻露天矿境界重叠区边帮压煤协调开采技术[J].煤炭科学技术,2013,41(9):91-95.

[42]　白润才,刘闯,薛应东,等.相邻露天矿边帮压煤协调开采技术[J].煤炭学

报,2014,39(10):2001-2006.

[43] 刘闯,白润才,刘光伟,等.基于协调开采技术的相邻露天矿开采程序优化[J].重庆大学学报,2016,39(4):103-111.

[44] 张丁,罗怀廷,刘宇,等.相邻露天煤矿采区间留沟高度经济性分析[J].露天采矿技术,2016,31(6):41-45.

[45] 王炜,姚建华,王桂林,等.相邻露天煤矿协调开采合理压帮高度确定[J].露天采矿技术,2016,31(增刊):22-27.

[46] 姚建华,王炜,徐钟毓,等.相邻露天煤矿协调开采最小追踪距离研究[J].露天采矿技术,2016,31(增刊):16-19.

[47] 常治国,陈亚军,段鲲鹏,等.并行露天煤矿压帮内排回采三角煤留沟深度研究[J].煤炭工程,2016,48(3):15-17.

[48] MA L,XIAO S S,DING X H, et al.Optimisation study on coordinated mining model of coal reserves buried between adjacent surface mines[J]. International journal of oil, gas and coal technology, 2017, 16 (3): 283-297.

[49] MA L,CHANG Z G,LI K M, et al. Optimization of inner dumping uncovered height with partially covered end wall in adjacent surface coal mining districts [J]. Mathematical problems in engineering, 2018, 2018(1):5404835.

[50] 徐志远,杨叶齐,薛万海.开采全压帮合理位置的确定[J].露天采煤技术,1999(4):11-12.

[51] 韩万东,谷明宇,杨晓云.黑岱沟露天煤矿内排土场留沟方案比选[J].煤矿安全,2014,45(4):201-203.

[52] 顾正洪,查振高.近水平矿床内排重要技术参数的确定[J].中国矿业大学学报,1996,25(3):38-42.